国家自然科学基金资助成果（编号：61772096）
重庆市自然科学基金资助成果（编号：cstc2019jcyj-cxttX0002）
教育部哲学社会科学重大攻关项目资助成果（编号：20JZD026）
重庆市教委重点合作项目（编号：HZ2021008）
重庆市教委科学技术研究计划项目资助成果（编号：KJQN202100812）
重庆工商大学科研平台开放课题资助成果（编号：KFJJ2018058）
重庆工商大学校内科研项目青年项目资助成果（编号：1952033）
水环境遥感反演模型研究横向项目资助成果（编号：2172021）
智能感知与区块链技术重庆市重点实验室资助成果
重庆市检测控制集成系统工程实验室资助成果
重庆市技术创新与应用示范专项重点研发项目资助成果（编号：cstc2018jszx-zdyfxmX0013）

扩展粗糙集模型及其在水质富营养化评价中的应用研究

KUOZHAN CUCAOJI MOXING JIQI ZAI
SHUIZHI FUYINGYANGHUA PINGJIA ZHONG DE
YINGYONG YANJIU

严胡勇　封　雷　王国胤 / 著

中国环境出版集团 · 北京

图书在版编目 (CIP) 数据

扩展粗糙集模型及其在水质富营养化评价中的应用研究 / 严胡勇，封雷，
王国胤著 . —北京：中国环境出版集团，2021.8
ISBN 978-7-5111-4844-5

Ⅰ.①扩… Ⅱ.①严… ②封… ③王… Ⅲ.①集论—应用—富营养
化—评价—研究 Ⅳ.① X522

中国版本图书馆 CIP 数据核字（2021）第 172177 号

出 版 人	武德凯
责任编辑	田 怡
责任校对	任 丽
封面设计	宋 瑞

出版发行	中国环境出版集团
	（100062 北京市东城区广渠门内大街 16 号）
	网　　址：http://www.cesp.com.cn
	电子邮箱：bjg1@cesp.com.cn
	联系电话：010-67112765（编辑管理部）
	010-67112738（第六分社）
	发行热线：010-67125803，010-67113405（传真）

印　　刷	北京建宏印刷有限公司
经　　销	各地新华书店
版　　次	2021 年 8 月第 1 版
印　　次	2021 年 8 月第 1 次印刷
开　　本	787×1092　1/16
印　　张	9.5
字　　数	210 千字
定　　价	50.00 元

前言

　　富营养化是一种水体中氮、磷等植物营养物质过多所引起的全球性生态环境问题，受到世界各国政府与学者的高度关注。近年来，随着我国经济的快速发展，水体被过度开发和利用，加之农药化肥在农田中的过量施用，秸秆与畜禽粪便的处理不及时，降水导致的地表径流把污染物带入地表水体，造成湖泊等地表水体污染物与营养盐迅速增加，从而引起水体的富营养化。根据《2018中国生态环境状况公报》，三峡库区长江38条主要支流的77个水质断面中，中度富营养化和富营养化分别占76.6%和18.2%，水体的富营养化使得生态系统浮游植物群落发生相应的变化，底栖动物的生境也随之改变，进而导致整个生态系统失衡。富营养化已成为三峡库区典型的水环境问题之一，引起了国内外的广泛关注。

　　国家有关部门和库区地方政府积极采取船舶污染防治、农业面源污染防治、工业废水治理等一系列措施应对库区水库富营养化问题，取得了一定的成效。然而，三峡库区生态信息化水平还比较落后，大量基础数据仍处于休眠状态，数据价值难以体现，智能分析和辅助决策能力依然薄弱。因此，在三峡库区开展信息化的智能分析与决策就显得尤为重要。

　　粗糙集是用于研究不完整、不确定知识和数据的表达、学习、归纳的一套理论方法。然而，经典粗糙集理论中的离散化处理、知识约简以及规则知识提取与推理决策，在实际应用中都存在一定的局限性，例如，传统离散化算法普遍存在直观性较弱、离散化区间划分不稳定的问题；在不完备信息系统中难以满足传统粗糙集的等价关系约束条件，而且抗噪声能力较弱；传统的串行知识匹配效率较低；经典粗糙集用等价类的思想，通过上、下近似两个集合来定义一个不可定义的静态不确定集合 X，难以处理动态信息系统中的动态数据挖掘和动态知识发现问题。如何克服以上局限，实现三峡库区智能分析与决策，是本书的重点内容。本项目的研究成果既有助于三峡库区水质富营养化智能分析问题的解决，又能促进扩展粗糙集模型的研究。

本书是笔者在国内外发表的多篇 SCI 论文的基础上完成的。内容共分为 7 章：第 1 章介绍了课题的研究背景与研究意义，对粗糙集理论、扩展模型及应用中的研究进展与发展趋势进行了综述，以便找到理论研究的突破点；同时总结了国内外富营养化评价方面的研究现状与发展趋势，分析了这些研究的不足与前景；并给出了本书待解决的关键问题、创新以及论文的总体框架；第 2 章简单介绍了粗糙集与 Petri 网基础理论，作为本书的概念、研究思路的导引；第 3 章介绍了三原色的可视化离散化算法，在公用数据集上进行了对比实验，并应用于三峡库区大宁河多角度富营养化时空关系知识抽取，取得了较好的效果；第 4 章介绍了不完备并行处理粗糙集模型，通过实例分析说明了算法的有效性并且实现了香溪河 2015—2016 年 11 个监测断面的不完备富营养化数据的快速推理、评价；第 5 章介绍了动态粗糙集分析模型；第 6 章为三峡库区水生态环境在线监测系统，分析了经典粗糙集在动态知识处理上的不足，根据动态变化元素的数量提出了两种解决策略，并以三峡库区香溪河 2005 年春季两次水华期间两个监测断面监测数据为研究对象，以双向多元素迁移的动态扩展粗糙集为理论基础，深入分析香溪河春季两次水华前期的前兆异常，从而为水华的预报提供决策支持；第 7 章为结论与展望，对全书进行总结并对未来的研究提出设想与展望。

笔者在开展本项目研究和撰写本书过程中得到了许多人的帮助，首先要特别感谢重庆邮电大学王国胤教授的指导，其次感谢中国科学院重庆绿色智能技术研究院封雷博士完成本书第 2 章和第 6 章（5 万字）的撰写。本书得到了重庆工商大学计算机科学与信息工程学院、三峡库区水环境大数据智能分析技术重庆市工程研究中心的支持，并获得重庆市检测控制集成系统工程实验室的经费资助。此外，书中引用了大量国内外有关粗糙集与富营养化相关研究的专业文献，谨此向所有参考文献的作者们表示感谢！本书的出版还得到了重庆工商大学科研平台开放课题（项目编号：KFJJ2018058）、重庆工商大学校内科研项目青年项目（项目编号：1952033）以及重庆市技术创新与应用示范专项重点研发项目（项目编号：cstc2018jszx-zdyfxmX0013）的资助，在此深表感谢。

由于笔者从事粗糙集领域以及水质富营养化领域的研究工作时间比较短，加之自身学识水平有限，书中错误或不妥之处在所难免，敬请广大读者给予批评、指正。

严胡勇

2020 年 5 月

目 录

第1章 绪 论

1.1 研究背景与意义

水是自然界的一种宝贵资源，是人们赖以生存与发展的基础，也是社会经济发展的必要物质条件。随着人口的增长与社会的发展，水环境不断恶化，水环境问题已成为重要的全球性问题。而富营养化是当今世界面临的最主要的水环境问题，近年来，水体富营养化问题日益严重，如云南洱海[1]、云南滇池[2]、江苏太湖[3]等，富营养化问题已经危及当地的供水、旅游，制约了经济社会的可持续发展。

三峡工程是中国最大的水利枢纽工程，是一项规模宏大的、集多目标水资源开发利用的系统工程。三峡工程建成后在发电、航运及防洪方面都发挥着巨大作用，但是也对库区周围的生态环境产生了一定的影响。三峡水利枢纽环境影响报告书中曾指出，成库以后的水环境问题主要集中在水质污染、水土流失、泥沙淤积、水生生物影响及人群健康影响等方面，其中出现在滞水区、库湾的富营养化问题关系到整个三峡工程的成效与形象[4]。目前，传统生态环境领域的监测技术和监测网络体系已无法满足水环境日益增长的大规模数据处理的需要，也已无法适应新的水环境问题，对水环境相关数据分析处理技术要求迫切。因此，有必要建立一系列基于信息理论的模型来研究三峡成库后富营养化状态，并提出相应的防范与治理措施，防患于未然。

基于信息理论的富营养化评价方法对数据的要求比较高，然而，现实中采集的富营养相关数据并不理想，往往具有较大的不确定性与不完备性。例如，传感器所采集数据的准确度受其精度制约，容易造成原始数据不准确，这是不确定数据产生的最直接因素。而采集过程中的传感器故障、通信故障，以及人为的主观失误或者有意隐瞒等都会导致数据的缺失。这些不确定、不完备因素都会制约基于信息理论的富营养化评价方法的发展。

在人工智能领域，处理不确定性信息的方法主要有证据理论、贝叶斯网络、模糊集等。这些理论都需要一定的先验知识，如证据理论将不确定性看作可信度，在进行知识挖掘时需要一定的领域知识；贝叶斯网络将不确定性看作概率，在进行知识挖掘时需要得到大量的先验信息；模糊集将不确定性看作集合的隶属度，在进行知识挖掘时需要给定的隶属度函数。这些理论都需要先验知识，并且全部依赖于人的主观认识和经验。

粗糙集理论是波兰学者 Pawlak[5] 于 1982 年提出的，其目的是处理不完整和不确定知识。粗糙集相比传统不确定信息处理理论，其最大的特点是不需要先验知识，所以它已经成为一种重要的智能信息处理方法，并在机器学习[6]、数据挖掘[7]、知识发现[8]、粒计算[9]和智能数据分析[10]等领域得到了成功的应用。

粗糙集的优点可归纳为以下几点：

（1）有很强的兼容性。粗糙集可以和其他方法、理论相结合，实现对问题的分析与研究。例如，可以通过粗糙集确定指标权重，再结合层次分析法、模糊分析法实现对问题的综合评价。

（2）可以简化分析过程。粗糙集能够通过知识约简，在保留原关键信息的前提下，获得大量数据的最小知识表达，从而揭示出概念简单、易于操作的模式，锁定问题的关键所在。

（3）有较强的客观性。在处理不确定性信息时，可以不需要先验知识，仅从原始数据中就能够挖掘数据与指标之间的关系。

（4）可以处理各种不完整的数据以及有高维变量的数据。

（5）可以处理数据的不精确性与非确定性的情况。

（6）可以产生精确且易于检查与证实的规则，特别适宜于智能控制中规则的自动生成。

虽然粗糙集在处理不确定、不完整、不精确的样本数据上有着很大的优势，但是粗糙集本身并不具备处理不确定或不精确数据的机制，因此它不能对不确定数据进行有效地处理。此外，粗糙集的上、下近似是基于概念之间的包含或相交非空关系来定义的，并未考虑概念之间的相交程度，因而对含有噪声的数据特别敏感。这使得经典粗糙集理论在实际应用中受到很大的限制，如何利用粗糙集理论处理含有噪声数据的信息系统，如何建立合理的知识挖掘模型从数据中提取出最终有价值的知识，对粗糙集理论的发展都具有极其重要的意义。粗糙集无论是理论研究本身还是在应用研究方面，都存在很大的研究空间，因此，有必要对粗糙集的理论、模型进行扩展研究。

本书以国家重大科技专项"三峡库区水生态环境感知系统及平台业务化运

行"——富营养化评价为研究背景，在对经典粗糙集理论、模型进行理论拓展的同时，针对水质指标数据由于数据测量误差、数据记录有误所造成的不精确性，数据获取限制所造成的不一致性以及采集设备故障、存储介质故障所造成的不完整等特点，提出了一系列基于扩展粗糙集的水质富营养化评价方法，为解决三峡库区水质富营养化问题提供了一个有效途径。

1.2 国内外研究现状

1.2.1 粗糙集研究现状

粗糙集为一种处理不完整、不确定和模糊数据的数学分析理论，由波兰学者 Pawlak 于 1982 年提出。由于最初的研究大都采用波兰语发表，因此当时并没有引起国际数学界和计算机界的重视，研究仅限于一些东欧国家，直到 20 世纪 80 年代末，才逐渐受到各国专家、学者的关注与重视[11]。

粗糙集发展 30 多年以来，无论是在理论研究方面还是应用实践方面，都取得了不错的成果。目前，有 4 个有关粗糙集的系列国际会议，包括国际粗糙集与知识技术国际学术会议（RSKT），国际粗糙集、模糊集、数据挖掘与粒计算学术会议（RSFDGrC），粗糙集与未来计算国际会议（RSCTC）与国际粗糙集联合学术会议（IJCRS）。RSKT 系列会议每年举行一次，是粗糙集领域在国际上的顶级会议，也是中国计算机学会推荐的重要学术会议之一，致力于搭建国际化的学术交流平台，为粗糙集与数据挖掘领域的研究者提供交流和研讨相关领域学术和技术创新的空间。2006 年以来，RSKT 已经在中国、加拿大、澳大利亚等国召开了 11 届会议，参会的专家来自世界各国，对推动本领域的研究产生了重大的学术影响。RSFDGrC 系列会议每两年举行一次，RSFDGrC 2003 是该系列会议第一次在中国举办，RSFDGrC 已在日本、加拿大、俄罗斯、中国等国召开了 15 届会议。RSCTC 每两年举行一次，1998 年以来，RSCTC 已经在波兰、加拿大、中国、西班牙等国召开了 9 届会议。2001 年在我国重庆召开了"第一届中国 Rough 集与软计算学术研讨会"，之后该研讨会每年召开一次。2016 年在山东烟台大学召开了第十六届中国 Rough 集与软计算学术会议、第十届中国 Web 智能学术研讨会、第十届中国粒计算学术研讨会联合学术会议（CRSSC-CWI-CGrC 2016），以及在智利圣地亚哥智利大学举行的 IJCRS2016，将粗糙集理论提升到一个新的高度。

当前粗糙集的理论研究主要集中在理论扩展方面。如 Yao[12] 对经典粗糙集的论域进行扩展，将一个论域扩展到两个不同却相关联的论域上。Yao[13] 对经典粗糙集的元素进行扩展，将经典粗糙集中元素 x 的等价类 $[x]_R$ 看作是 x 的一个邻域，建立了邻域粗糙集模型。Yao[14] 以经典粗糙集的标准子系统为基础，通过两个子系统对经典粗糙集进行扩展。粗糙集的应用研究主要体现在知识获取以及基于粗糙集的智能算法研究[15] 等方面。这些研究成果广泛地应用于各个领域，有的已取得了商业价值。例如在金融投资方面，Golan 与 Ziarko[16] 利用粗糙集对股票历史数据进行分析，发现了股票价格和经济指数之间的关系，通过这种关系所建立的预测规则得到了证券专家的认可；在医疗诊断方面，Tsumoto 与 Tanaka[17] 利用粗糙集从以往病例中推导出诊断规则，并用于诊断新的病例，大大提高了人工预测早产的准确率；在工业生产方面，Geng 与 Zhu[18] 利用粗糙集实现了乙烯裂化熔炉的故障诊断，取得了不错的效果。

随着国内外学者的关注与宣传，粗糙集已成为数据挖掘领域中的研究热点之一。以下是粗糙集研究的几个热点。

1.2.1.1 离散化研究进展

由于经典的粗糙集理论不能处理属性中带有连续值的数据，因此需要对这些数据进行离散化才能使用。现实数据大部分都是连续型数据，为了从这些连续属性中取得更好的样本，得到简洁有效的规则，从而挖掘出有价值的知识，就有必要选择一种适合的离散化算法。离散化的方法有很多，根据不同的划分标准可以分为以下几类：根据离散化处理时的研究对象是单个连续属性还是所有连续属性，可分为局部离散化方法和全局离散化方法[19]；根据离散化处理发生在分类进行中还是分类前，可分为动态方法和静态方法[20]；根据离散化方法是否利用了决策类信息，可分为无监督离散化方法与有监督离散化方法[21]；此外，离散化算法还可分为自底向上法和自顶向下法[22]。下面对这些方法进行简要综述。

（1）等宽、等频及相关离散化法

等宽离散化是最简单的无监督离散化算法，它根据用户指定的间断点 K，将连续值属性的值域 $[X_{\min}, X_{\max}]$ 分成 K 个区间，并保持每个区间的长度相等，每个区间长度为 $[X_{\min}, X_{\max}]/K$。这种算法易于实现，但是，当存在很多偏向型分布的点时，这种离散化算法是不可靠的。

等频离散化也是一种简单的无监督离散化算法，它将连续属性的 M 个数值分

成用户自定义的 K 个区间，每个区间有 M/K 个邻近值的点。等频离散化与等宽离散化的不同在于，它并不要求每个区间长度相同，而是要求落在区间的实例数目相同。

Proportional k-interval discretization（PKID）[23] 是一种特殊的离散化算法。它将连续属性值分为 $\sqrt{n}$ 个区间，每个区间的实例数近似为 $\sqrt{n}$ 个。此算法通过离散化后的区间大小与区间数的比例关系，来协调偏倚与方差之间的平衡。偏倚与方差的平衡能够体现离散化区间数量与区间大小的平衡，因此，寻找最优平衡点的问题也可以理解为寻找最优离散化区间数问题。Weighted proportional k-interval discretization（WPKID）[24] 在 PKID 算法的基础上做了改进，它设定了每个区间至少需包含 M 个实例的停止条件，因此离散化区间也相应增大，从而能够建立一个方差与偏倚平衡的策略，得到可靠的概率估计，以弥补 PKID 在小型数据集上的不足，同时保留了 PKID 在大型数据集上的优势。

另一种等频离散化的改进 approximate equal frequency discretization（AEFD）[25] 算法，它有一个假设条件，即数据要近似服从正态分布。当一个变量服从正态分布时，其观测值落在一个区间的频率应当和变量在一个区间取值的概率相同，通过正态分布变量的分位点，划分取值区间为若干个初始区间，再对区间归并，同时每个区间的观测值频率也不会太低。由于算法离散化区间不超过 $[\log(n)]$，因此其计算量不是很大，速度快，效率高。但是它与其他等宽、等频离散化算法一样，没有充分考虑样本的分布，因此，区间边界的设置也不是很合理。

（2）Holte 的离散化算法

RC Holte[26] 于 1993 年提出了一种简单的离散化算法，此算法通过贪婪法将属性值划分为不同区间，每个区间包含同一决策类对象主体，并且尽可能通过调整划分边界来增加观测值，从而使每个区间至少包含 K 个属性值个数。

（3）基于熵的离散化算法

基于熵的离散化算法将信息论上的信息熵引入离散化断点的判断，使离散化区间的确定更精确、更合理。Shannon 定义了一个样本变量 X，它的信息熵为 $I(X) = -\sum_{x} p_x \lg p_x$。其中，$p_x$ 表示 X 中的一个样本属于 x 的概率。如果样本为某个具体取值时，它提供信息量最小，那么不确定性最小，信息熵取值也最小。若属于每个取值的概率相等时，信息熵与不确定性都最大。

一般地，属性 a 中的断点 c 所产生的区分类信息熵见以下公式：

$$E(a,c,U) = \frac{|U_1|}{n}Ent(U_1) + \frac{|U_2|}{n}Ent(U_2)$$ （1-1）

式中，U_1、U_2分别是在断点c左侧、右侧的对象集；n是U中对象的个数。

在属性集$A(a \subseteq A)$上，选出所有满足最小化熵函数的断点$c_{\min}$，同时找到与$c_{\min}$相关的两个对象集U_1与U_2，反复递归，直到满足停止条件。

有很多基于信息熵的离散化算法，较为著名的有 D2 算法[27]与 MDLP 算法[28]。若大规模数据中条件属性值的分布比较零散，那么该算法不适用于此数据。

（4）基于统计的离散化算法

基于统计的离散化算法是以 Kerber[28]提出的 ChiMerge 法为代表，ChiMerge 是一种自底向上的、有监督的离散化方法。它的基本思想是：如果相邻的两个区间有类似的类分布时，这两个区间就能够合并；否则，它们就分开。类分布的判定主要依赖于卡方分析：有最小卡方值的相邻区间就合并在一起，直到满足停止条件。此算法忽略了对决策信息中的冲突样本与不一致信息的处理，并且要人为找到合适的阈值，可以看出具有很大的主观因素。因此，Liu[29]等提出了改进的 Chi2 算法，此方法将手动设置阈值改进为由数据来确定阈值，此外还引入了不一致率来衡量合并后的数据是否保持了原有数据的特征。由于 Chi2 算法没有考虑 ChiMerge 算法合并条件中的固有误差，Tay FEH[30]于 2002 年对 Chi2 算法进行了改进，建立了一种改进的 Chi2 算法，此算法不仅效果好于传统 Chi2 算法，还是一种完全自动的离散化方法。此外，Zhang H[31]针对 Chi2 算法没有在第二阶段中考虑各属性的离散化序列的问题，于 2006 年将粗糙集的属性重要度引入 Chi2 算法中进行了改进。

（5）Bool 推理离散化算法

Bool 推理离散化算法是由 Skowron[32]等结合布尔推理技术与粗糙集理论，提出的一种有监督的、全局的离散化算法。此算法在原决策信息系统S的基础上建立了新决策信息系统$\tilde{S} = \{\tilde{U}, cut, \tilde{V}, \tilde{f}\}$，其中，对象集$\tilde{U} = \{(o_i, o_j) \in U \times U \mid f(o_i, D) \neq f(o_j, D)\}$；候选断点集$Cut = \{v_a^t \mid a \in C, t \in Z^+\}$，当$[v_a^t, v_a^{t+1}] \subseteq [\min\{f(o_i, a), f(o_j, a)\}, \max\{f(o_i, a), f(o_j, a)\}]$时，则$\tilde{f}[(o_i, o_j), v_a^t] = 1$；反之，则$\tilde{f}[(o_i, o_j), v_a^t] = 0$。根据新决策系统中断点数目的统计，通过启发式贪婪算法求解，得出原决策系统中所有断点集合。此算法在保持决策系统不可分辨的前提下，以最少数目的断点来实现所有对象的不可分辨关系。虽然该算法能保持原有决策系统的分辨能力，但是它的空间与时间复杂度都比较高，特别是在决策系统中备选断点集合数目比较大或条件属性比较多的情况下，此算法的效率通常会比较低。

（6）基于误差的离散化算法

Wolfgang Maass 于 1994 年提出了一种针对训练集的误差，来优化连续属性的离散化算法——基于误差的离散化算法。此算法通过一个较小的区间或一个最优集使训练集的误差达到最小，来离散化一个连续属性，而这个属性通常决定了离散化后所有论域对象的分类。这种算法作为 T2 算法[33]的一部分使用，其最终可以得到一个一层或者两层的决策树。T2 算法只需设定所分类的数量$(k+1)$，就避免了 k 值难以校正的问题。此算法通过动态编程方法使离散化阈值获得最优误差。T2 算法的空间时间复杂度为 $O(m+k^3)$，时间复杂度为 $O[m(\log m+k^2)]$，其中，m 为训练对象个数，k 为区间数，其值不超过用户自定义的值。

（7）NavieScaler 算法与 Semi-NavieScaler 算法[34]

等频与等宽离散化算法计算较为简单，只需一次计算即可得到所有断点，但是都需要预先给定额外的参数，并且有可能改变原有信息系统的不可分辨关系。NavieScaler 算法与 Semi-NavieScaler 算法是有监督的、局部的静态离散化算法，它们不需要额外参数，但是在离散化后所得到的信息表可能会带来新的冲突，从而改变原始信息表的一致性。NavieScaler 算法与 Semi-NavieScaler 算法的不同之处在于，前者是先把对象的属性值进行升序排列，如果相邻的两个对象它们的条件属性值与决策属性值都不同，则选这两个属性值的平均值作断点；后者是在断点选择前对每个属性的断点进行预处理，去掉了一些不必要的断点。此系列算法非常依赖对象集上的数值排列，离散化处理后易破坏原有系统的不可分辨关系。

1.2.1.2 属性约简研究进展

属性约简是粗糙集理论研究的另一项核心内容，它是在保持知识库上条件属性相对决策属性的分类能力不变的前提下，删除不重要或相关性不大的属性。属性约简能够从特征信息中提取有用信息，从而达到知识的简化处理。根据不同的约简处理过程，属性约简大致可以分为以下几类：按约简结果的产生方式可分为动态约简与静态约简[35]；从方法论的观点出发可将约简分为基于信息学的约简与基于代数观的约简[36]；根据约简的结构可分为增加的约简结构、增加—删除的约简结构以及删除的约简结构[37]；按决策信息系统是否完备可分为不完全信息约简与完全信息约简[38]；按照约简粒度的层次可以划分为对象约简、属性值约简以及属性约简；

而在约简中是否包含决策属性可将约简分为绝对约简与相对约简[39]。目前，国内外没有一个公认为满意的约简算法，但是已有多种成熟的约简算法，大致有以下几种。

（1）基于可分辨矩阵的属性约简

属性约简中应用最为广泛的一种方法为 Skowron[40] 提出的基于分辨矩阵的约简。对于一个给定的决策信息系统 S，Skowron 对其条件属性 C 的分辨矩阵可以定义为

$$M(S) = \left[m_{ij} \right]_{n \times n}, \quad m_{ij} = \bigcup \left\{ a \mid f(o_i, a) \neq f(o_j, a), a \in C \right\} \tag{1-2}$$

式中，n 为对象集合的个数。

那么基于分辨矩阵的分辨函数可以定义为 $\Delta = \bigwedge\limits_{1 \leq i,j \leq n} m_{ij}$，它表示对所有的分辨矩阵元素进行合取操作。通过对分辨函数的运算，可以将它转换成极小析取范式，再得到这些极小析取范式的合取范式，这样就求出了此决策系统的条件属性约简集合。Hu 等[41] 提出了一种能够得到广泛应用的分辨矩阵，将分辨矩阵定义为

$$M'(S) = \left[m'_{ij} \right]_{n \times n},$$

$$m'_{ij} = \begin{cases} \varnothing & f(o_i, D) = f(o_j, D) \\ \bigcup \left\{ a \mid f(o_i, a) \neq f(o_j, a), a \in C \right\} & f(o_i, D) \neq f(o_j, D) \end{cases} \tag{1-3}$$

Ye[42] 考虑了决策系统中存在不一致的数据与对象，对此分辨矩阵进行了改进，定义了一种修正的分辨矩阵：

$$M'(S) = \left[m''_{ij} \right]_{n \times n}, \quad m''_{ij} = \begin{cases} \varnothing & \min \left\{ \left| d(o_i) \right|, \left| d(o_j) \right| \right\} \neq 1 \\ m'_{ij} & \text{else} \end{cases} \tag{1-4}$$

Yang[43] 和 Lie[44] 等基于 Ye 的研究成果，从对象集合正域划分的角度，改进了属性求核与约简方法，得到了更为理想的结果。Inuiguchi[45] 分别对分辨函数与分辨矩阵进行改进，进而在两个层次上对两个决策表进行规则提取，也取得了不错的成果。

基于可分辨矩阵的属性约简不仅能很好地处理动态约简，而且能够获得最小约简，因此得到了广泛的应用。但是它需要较多的时间开销及存储空间。此外，对于不协调或不一致决策系统的约简，也没有好的应对机制，因此，在一定程度上限制了它的发展[46]。Chen[47] 为了解决决策信息系统的条件属性约简不一致问题，尝

试用覆盖粗糙集进行约简，但并未对分辨矩阵本身进行实质性修改。如何有效地处理不一致对象之间的辨别关系，是基于可分辨矩阵的属性约简所面临的一项难题。

（2）基于属性重要度的约简方法

根据相对约简的定义[39]，可以得到基于朴素属性重要度的属性约简方法，这种方法也是具有代表性的代数观点约简方法。Hu 等[41]在此基础上提出了一种启发式的属性约简求解方法，此算法通过分辨矩阵得到核属性，然后根据正区域得到各属性的重要度，最后将重要度大的属性加入约简集。Jelonek 等[48]从核属性出发，根据属性增益得到重要度，将重要度大的属性加入约简集，直到所有的属性集变为协调集为止。Ye[49]在 Jelonek 等的研究基础上，以单属性的近似精度为标准，对候选属性进行扩展，同时对可分辨矩阵进行改进与修正，得出一个新的属性约简算法，其计算速度明显好于 Jelonek 的算法。Zhang 等[50]针对 Hu 的算法在处理不一致决策表时不能可靠地获得属性约简的问题，将不一致对象与一致对象分开后来建立改进的可分辨矩阵，从而能够很好地解决不一致问题，进而通过分辨函数的简化来获得最后的约简，此方法取得了令人满意的效果。但该算法的空间与时间复杂度与 Hu 的算法是一样的[51]，因此有必要进一步改进。

（3）基于信息熵的属性约简方法

在信息论的方法中，一般采用 Shannon 熵及变形来定义一个约简。苗夺谦等[52]从互信息量的观点对决策表中的属性重要性做了定义，并提出了一种基于互信息量的启发式属性约简算法——MIBARK 算法。王国胤等[36]通过分析比较粗糙集理论的信息观与代数观，得到基于信息熵的 CEBARKNCC 与 CEBARKNC 两种算法。杨明[53]提出了一种基于条件信息熵的近似约简算法，此算法不仅具有抗噪性，还能有效地对约简中的冗余属性进行合理的取舍。Liu 等[54]提出了一种能反映条件属性分布在约简中关于正域而改变的条件信息熵。Zhang 等[55]针对约简中存在冗余属性的问题，提出了一种信息熵并用它来度量一个信息系统的不确定性。Slezak[56]分析了如何用熵评估属性子集以及如何从数据中提取出规则，并提出了一种近似熵原理来定义相应的约简。

（4）基于动态信息系统的属性约简

前 3 种约简算法都可以归结为静态信息系统的约简。然而，在现实信息系统中，论域对象都是动态变化的，已有的约简结果可能不再有效，因此，有必要对系统进行动态约简。

胡峰等[57]在改进的分辨矩阵的基础上，提出了一种改进的增量式属性约简算法，该算法能在决策表中增加新记录的同时，也找到了新决策表的最小约简与所有约简。虽然此方法简单易行，但是对于新增记录引起的不一致现象还有待改进。官礼和等[58]在分析了新增记录的所有可能情况的基础上，给出了一种基于分辨矩阵的增量式更新约简算法，此算法的时间复杂度与空间复杂度都比较低，有效地提高了约简算法的效率。谭旭[59]分析了分辨矩阵的缺点，提出了一种增量式条件属性约简算法，此算法不仅效率高，还能得到稳定、可靠的约简结果。Hu 等[60]提出了一种基于正区域的增量式属性约简算法，此算法能得到一个完备的 Pawlak 约简，也能处理不一致决策表，约简的更新效率也能得到相应提高，但是不能得到最小约简。

以上增量式约简算法都是针对有对象增加的情况下所进行的研究，而实际中也会存在修改或删除对象的情况，因此，如何实现修改或删除对象时决策表的动态约简，也是研究人员所面临的一项挑战。

（5）海量信息系统中的属性约简

近年来，随着信息技术的迅速发展，信息系统中的数据呈现爆炸式的增长态势，大规模甚至超大规模数据集也应运而生。这里的大规模数据集中有大量的属性、对象及决策类。如果采用传统的方法处理这些数据，一方面会使算法复杂度上升，另一方面会直接导致存储空间增大。对于如何实现海量数据的高效的知识获取，这方面的研究有着深远的意义。

国内外的专家、学者为了有效地处理海量数据的知识约简问题，从两个角度致力于该方面的研究。一个角度是进行数据集的分解研究，另一个角度是算法本身的改进。

在数据集分解研究中：Kusiak[61]指出，降低大型数据集的分析时间最有效的方法就是降低每次数据的处理量，此过程可以通过分解来实现这一目标。国内外专家在决策表的分解研究方面做了很多工作，提出了一系列的解决办法，包括基于决策一致的分解、基于决策模板的分解、基于属性重要度的分解、基于属性聚类的分解、基于属性核的分解以及基于决策表的分解等。Hu 等[62]采用分治法把原始决策表分解为多个子决策表并求解其约简，最后将所有约简结果进行合并，从而提高了多数据决策表进行约简的效率；Blaz 等[63]将函数分解思想引入大决策表的分解，通过逐层分解为更小的子目标，来建立一种层次决策模型。此方法层次清晰，效率较高，但是容噪能力差，而且只适用于一致决策表。吴子特等[64]研究发现，粗糙集的约简算法都是集中在内存中处理，不适合海量数据约简，因此依托 SLIQ 算法为基础，建立一种快速的数据处理机制，能有效处理大数据的约简，为海量信息系统的高效约简提供一种思路。

而在算法本身的研究中：叶东毅[49]对 Jelonek 的约简算法进行了改进，其时间复杂度最坏为$O\left(|C|^2|U|^2\right)$。在正域求解约简算法中，徐章艳等[65]以快速缩小搜索空间为目的，给出了一个基于度量属性重要性公式的递归计算式，并以此公式为基础设计了一个复杂度为$\max\left[O\left(|C||U|\right),O\left(|C|^2|U/C|\right)\right]$的约简算法，实验表明该算法能有效处理大型决策表。刘勇等[66]从决策信息系统的不一致情况出发，提出了一种基于哈希的正区域算法，将时间复杂度降为$O\left(|U|\right)$，同时还设计了一种衡量属性重要性的测量参数，以此参数为基础建立了二次哈希约简算法，其时间复杂度降为$O\left(|C|^2|U/C|\right)$。此外，蒋瑜[67]还针对差别矩阵中存在大量冗余元素的问题，创新性地提出一种差别信息树，并提出一种属性约简完备算法，将时间复杂度降为$O\left(|C||U|^2\right)$。

1.2.1.3 扩展粗糙集模型研究进展

由于经典粗糙集的研究对象都是基于等价关系而分析，而在实际应用中通常会存在数据的缺失、数据的噪声、数据的多样性与数据的不一致等情况，很难使对象之间满足等价关系。同时，经典粗糙集下近似需要此对象的等价类全部属于此集合。因此，现实中的信息系统所得到的知识往往不具备良好的泛化能力。为了使经典粗糙集能更好地应用于实际生活中，各种改进模型与扩展模型不断出现，以下是几种经典的扩展模型。

（1）概率粗糙集模型

人们在智能决策时往往具有非精确性、不确定性、模糊性及容错性等特点[68]。而经典粗糙集缺乏容错性[69]，因此对噪声显得特别敏感。国内外不少专家、学者尝试将概率阈值引入经典粗糙集中，提出了多种概率粗糙集模型[70]。比较突出的成果有 Pawlak 等[71]于 1988 年提出的 0.5 概率粗糙集模型、Yao 等[72]于 1990 年提出的决策粗糙集模型、Ziarko[73]于 1993 年提出的变精度粗糙集模型、Slezak[74]于 2005 年提出的贝叶斯粗糙集模型、Greco 等[75]于 2008 年基于相对粗糙隶属度与绝对粗糙隶属度提出的参数化粗糙集模型，以及 Herbert 等[76]于 2011 年根据博弈论思想给出的博弈粗糙集模型。这些概率模型大大丰富了粗糙集的理论与应用[77]。

概率粗糙集通过阈值的量化把整个论域分成 3 个区域，即概率边界域、概率正域与概率负域。这是一种定量模型，阈值不同论域划分的结果也不尽相同。因此，阈值的确定是各种概率粗糙集所面临的关键问题，它的取值是判定不同概率粗糙集的一个标准。例如，博弈粗糙集把阈值的确定看成一种博弈策略，通过合作机制与冲突机制寻求确定与不确定之间的最佳平衡，以此来确定阈值；决策粗糙集由损失函数来确定阈值；0.5 概率粗糙集把条件概率大于 0.5 的元素归为正域、等于 0.5 的元素归为边界域，而小于 0.5 的元素归为负域。

（2）决策粗糙集模型

决策粗糙集模型是姚一豫[78]教授提出的一种粗糙集扩展模型。该理论通过阈值对经典粗糙集进行概率扩展，同时，引入了贝叶斯风险决策论与三支决策语义解释，为决策粗糙集在不确定知识处理中提供了语义解释支持与可靠的理论依据。近年来，决策粗糙集在理论研究和文本分类、聚类分析、风险博弈、网络支持及信息过滤等应用中都取得了不错的效果。

决策粗糙集是一种典型的概率粗糙集模型，它结合概率论展开研究，不仅对粗糙集进行了定量描述，还给出了一个基于贝叶斯决策理论的语义模型，此外，通过引入贝叶斯风险最小化理论用于确定阈值。决策粗糙集与其他概率粗糙集最大的不同在于阈值的确定上。传统的贝叶斯粗糙集需要很多参数，如何系统、合理地确定这些参数的取值并给出理论解释一直是一个难题；而传统变精度粗糙集的阈值需要通过逐一测试才能确定，这种过程缺乏理论基础[79]。决策粗糙集所引入的贝叶斯风险最小化理论[80]，能够提供衡量误分类决策的风险损失量，这种风险损失能较好地指导与解释阈值的划分。

Yao[81]于 2010 年提出了三支决策粗糙集理论，该理论给出了边界域、负域以及正域三种决策语义解释，即边界域可解释为延迟决策，负域可解释为拒绝决策，而正域表示为接受决策。这些解释符合人们在现实决策中的思维方式，因此能够很好地得以运用。此外，基于贝叶斯风险最小化决策方法为决策粗糙集的概率阈值确定提供了有力的理论支撑，因此，决策粗糙集理论研究与应用研究逐渐受到科研工作者的广泛关注并取得了很多成果。Zhou 等[82, 83]考虑了多种误分类代价，提出一种多类决策粗糙集模型并应用于代价敏感分类。Liu 等[84]提出了一种两阶段方法来解决多分类问题，并对两类决策粗糙集模型做出改进，建立了多类决策粗糙集模型。Qian 等[85]在决策粗糙集的基础上，通过多个二元关系的粒结构，建立了多粒度决策粗糙集模型。Yang 等[86]以三支决策为基础，提出一种多用户决策模型，这种模型能够从不同用户的决策中推导出所有用户认可的决策。Zhou 等[87]根据三支决策建立了一种邮件过滤模型，该模型能有效地对垃圾邮件进行过滤。Yu 等[88]

提出了一种自动聚类方法，该方法基于决策粗糙集理论，通过风险函数评价聚类过程，并指导子类的合并，取得了一定的效果。Liu 等[89]建立了一种三支决策投资模型，此模型考虑了收益函数与成本函数的差值，并将模型应用于石油开采决策中。Herbert 等[76]提出了博弈论粗糙集，该理论为决策粗糙集中损失函数的最优概率阈值的确定提供了理论依据。

（3）模糊粗糙集模型

经典粗糙集建立在等价关系的基础上，而模糊粗糙集则把这种等价关系拓展为模糊等价关系，模糊粗糙集最初由 Dubois 等[90]提出，它们定义的模型为 $\forall x, y, z \in U$，R 表示在一个属性集合 P 上的模糊等价关系，等价类集合 $U / P = \{F_1, \cdots, F_m\}$，$F_i (1 \leq i \leq m)$ 代表一个模糊等价类。对于论域 U 上的任一模糊集合 X，基于模糊划分 U/P 的 P 下近似 $(\underline{P}X)$ 和 P 上近似 $(\overline{P}X)$ 是一对模糊集，定义为

$$\mu_{\underline{P}X}(x) = \sup_{F \in U/P} \min \left\{ \mu_F(x), \inf_{y \in U} \max \left[1 - \mu_F(y), \mu_X(y) \right] \right\} \tag{1-5}$$

$$\mu_{\overline{P}X}(x) = \sup_{F \in U/P} \min \left\{ \mu_F(x), \sup_{y \in U} \min \left[\mu_F(y), \mu_X(y) \right] \right\} \tag{1-6}$$

由于模糊粗糙集考虑了等价关系和被描述概念集合两种限制条件的弱化，因此其本质上可以看作是相似关系粗糙集与变精度粗糙集模型的结合体。

以上各种扩展粗糙集模型都是在现实中各种实际情况下，为解决各种不确定知识提取而做的改进。其目的就是在条件严格的经典粗糙集上获取条件上的宽松，从而得到更好的知识提取以及良好的推理泛化性能。如何考虑现实中粗糙集的各种性能（如并行处理效率、动态知识获取等）对粗糙集进行合理的扩展与改进，这是当前研究人员的研究热点，也是本书研究的重点。

1.2.1.4　粗糙集评价应用研究进展

粗糙集是一门实用性很强的数学方法，它的应用研究也很广泛，并在实际生活中得以大力推广，取得了令人满意的成果[91]。

随着计算机技术的高速发展以及在全球范围的日益普及，当今社会正飞速向信息化社会前进。评价作为最常见的一种决策模式，如何利用计算机辅助人类面对海量的数据进行智能评价与决策是当前研究的一项重要任务。基于粗糙集的智能评价正快速渗透多个领域。

Lai 等[92]将粗糙集应用于低碳技术集成创新评价中，用以确定所有指标权重，

取得了不错的成果。Pai 等[93]通过粗糙集分析台湾地区水质污染程度与环境因子之间的关系，实验结果表明，该方法能对水质状况进行准确、高效评价，为水质管理工作人员提供决策支持。Han 等[94]建立了一种不完全信息的粗糙集评价方法，该方法能对现有信息系统的缺失数据进行定量评价，并且知道缺失值的哪种改变是可以接受的，因此能有效应对缺失数据评价。Huang 等[95]将粗糙集用于吉林省承压水与地下水分析与评价，该方法易于实现并能有效降低水质参数的输入维度。Li 等[96]将粗糙集用于水质评价指标的约简处理，结果表明经处理后的数据与原有数据能保持较好的一致性。Greco 等[97]将粗糙集用于知识发现应用中，对 52 个国家的 27 项指标进行全球投资风险评价，具有一定的推广价值。Jirava 等[98]将粗糙集成功应用于空气质量评价中，该方法的优点在于能根据不同的属性集决定如何在选定区域中分配空气质量指数。Bo 等[99]给出了一种模糊综合风险评价法用于解决配电网故障，其方法的核心在于通过粗糙集的属性约简找出影响配电网故障最主要的因子。Gu 等[100]建立了一种基于粗糙集的可拓学风险评估模型，此模型首先排除掉一些无价值的指标，其次通过粗糙集来确定剩余指标的权重，最后通过可拓评价来计算社会风险等级。

基于粗糙集的评价是粗糙集应用研究的重要内容之一，也是粗糙集理论研究的重要升华。各种不同的粗糙集理论模型及其扩展模型在不同领域发挥着各自的优势，如何结合各应用领域的特殊性，实现模型的合理构建与拓展，从而建立必要的智能决策评价模型，来辅助相关决策人员进行有效地决策是一项有价值的应用研究课题。

1.2.2 水质富营养评价研究现状

水体富营养化是在人类日常生活的影响下，生物所需的氮、磷等营养盐大量进入河流、湖泊等水体，引起藻类及浮游植物迅速增长，导致水体溶解氧下降，使水质逐渐恶化，最终造成鱼类等生物大量死亡[101]的现象。富营养化更多的是生态学或生物学上的概念。评价一个水体的富营养化水平，用氮、磷营养盐或其他因子都不是最贴切的，而用水体植物的初级生产力是最为合理的。然而这一指标的获取比较困难，现在普遍采用的通过叶绿素、透明度、磷、氮来评价富营养化程度的方法都是一种变通。至于磷与氮的浓度达到哪个临界值才算是富营养化，至今仍无定论。OECD 提出了富营养化湖泊的几项临界值为：平均透明度<3 m；平均叶绿素浓度>8 mg/m³，平均总磷浓度>0.035 mg/L。这些临界值是针对温带湖泊而言，对于亚热带与热带湖泊，它们的纬度偏低，光照与温度都比较充分，受季节因素较小，这些区域的水华出现取决于氮、磷营养盐输入而不是季节变化。因此，在热带与亚热带湖泊中，即使是同样生产力水平或营养状况，藻类生长的氮、磷营养盐阈值通常也比温带湖泊低[102]。

目前，水体富营养化问题是全球范围内普遍存在的水环境问题，也是世界水污染治理的首要难题。富营养影响深远，危害巨大，其危害可以总结为以下几点：水资源以及生物资源难以利用，水体经济价值降低；破坏水生生态环境，危害人类健康；水质恶化，水处理成本以及难度加大[103]。

水体富营养化对人们的生产、生活都产生了潜在的风险。因此，有必要采取一系列措施对其进行富营养化的治理与控制，它的重要性有以下几点。

（1）对富营养化水体进行治理与修复，是生态环境建设、城市景观、经济发展的迫切需要，具有环境和经济双重效益。

（2）恢复水体的使用功能，使我国水资源严重匮乏的问题得到有效缓解。

（3）改善居民生活环境，提高人民生活质量。

如何具体对富营养化现象进行准确、有效的评价，了解富营养化进程以便采取科学合理的措施进行治理，已成为水质工作者一项重要的研究课题[104]。

1.2.2.1 水体富营养化评价方法综述

目前，国内外有很多种水体富营养化评价方法，但是还没有统一的评价标准与方法。常见的评价方法主要有以下几种。

（1）指数法

指数法将多项富营养化相关指标（包括叶绿素 a 浓度、总磷浓度以及透明度）转化为营养状态指数，便于对水体的富营养状态进行连续分级。此方法最早由著名学者 Carlson[105] 建立，由于该方法假定水中的悬浮物全部为浮游植物，也就是将水体的透明度考虑为只受浮游植物丰度的影响，而忽视了浮游植物外其他因子对透明度的影响，因此存在一定程度的局限性。日本学者 Aizaki[106] 对其进行了修正与完善，采用叶绿素 a 浓度而非透明度作为最基础指标，较好地解决了这一问题。指数法目前仍是水体富营养化评价的一个重要方法。

（2）单因子法

单因子法主要通过对生物、化学与物理参数的分析来计算水体的富营养化级别。其中生物学参数主要有多样性指数、藻类增殖潜力及叶绿素 a 浓度等；化学参数主要是与藻类增殖相关的 pH、化学需氧量、溶解氧、二氧化碳及磷等；而物理参数主要为透明度、光照强度、水色、水温等[107]。

（3）数学分析法

数学分析法是将现代数理方法应用于湖泊环境评价的一种常用方法。主要有非线性与线性统计分析、灰色理论、模糊数学及云模型等。Liu 等[108]采用统计学方法用以定量评价滇池富营养响应，通过正交实验与线性回归来区分流域营养盐、入湖变量及水位 3 种推动力对水质的贡献。Zhu 等[109]将灰色关联分析成功应用于北京地区北海的水华评价。丁昊等[110]参照营养状态分级标准，通过云模型建立起各指标隶属于各分级的云模型，同时得出相应的确定度，由确定度来判定所属营养级别。Yan 等[111]采用粗糙集与多维云模型的组合评价方法对我国五大湖区典型湖泊进行了富营养化评价，取得了不错的效果。

1.2.2.2　水体富营养化评价模型综述

富营养化问题是严重的水质问题之一，早在 20 世纪 60 年代，就有许多学者开展了相应的模型研究。从 Vollenweider 教授提出第一个湖泊富营养化模型至今，富营养模型从零维、单成分、单层、单室的简单模型逐渐过渡到三维、多成分、多层、多室的复杂模型。根据其复杂性，富营养化模型可以分为以下几种。

（1）营养物质负荷模型

碳、氮、磷的大量存在容易引起水体富营养化，淡水中三者的比例一般为 $106:16:1$，磷为引起富营养化的关键因子。早在 20 世纪 70 年代就出现了通过简单的磷负荷模型来预测水体的营养状况。如经典的 Vollenweider 模型，此模型由加拿大专家 Vollenweider[112]根据湖泊的单位面积水量负荷、入湖磷浓度、滞水时间以及平均深度来预测磷浓度，并和叶绿素 a 相结合对湖泊进行富营养状态评价。随后，Kirchner 等[113]对模型进行了修正，将滞留系数 Rc 引入了 Vollenweider 模型，建立了一种改进模型 Vollenweider-Dillon 模型。近年来，磷负荷与藻类相关模型得到了较快的发展，在很大程度上弥补了早期 Vollenweider 模型的缺陷。如 Lorenzen 等[114]建立的底质—水体间交换的二单元总磷模型就是研究了总磷与总氮在水体中为主要营养物质时的转移交换。

（2）生态结构模型

生态结构模型包括营养盐负荷与藻类生物量的相关经验模型、估算浮游植物初级生产力的模型，以及模拟浮游植物生长的假定限制因子模型[115]。

20 世纪 70 年代以来，世界各地的学者相继开展了湖泊富营养化调查，他们在收集了大量湖泊叶绿素 a 含量、总磷浓度等资料的前提下，建立了一系列经验模型。这些模型虽然简单，易于实现，但是也需要稳态等多种假设，难以反映藻类的生长机理；由于浮游植物初级生产力是一项重要的评价富营养程度的指标，而与之相关的光合作用速率与光强、细胞内环境以及营养盐等环境因子紧密相关。Chen 等[116] 在考虑了太阳辐射、温度、总氮以及总磷的基础上，采用 Michaelis-Menten 方程建立了一种与浮游植物生长和环境因子相关的模型。Smith 等[117] 根据水体的光照分布给出了一种生物—光学模型。由于浮游植物的内部生理特征与外部驱动因子之间存在复杂的关系，这种关系导致浮游植物和营养盐相关模型不能较好地反映浮游植物间的动态变化；Monod 方程与 Droop 方程能够动态地描述微生物生长与营养盐的关系[118]。比较经典的有 Kilham 等[119] 采用了 Monod 方程建立了一种浮游植物分析模型，该模型能在营养盐限制条件下有效地分析浮游植物的生长情况，但是也存在明显的缺点，如没有考虑营养盐被过度吸收以及生物间所存在的时空异质特征等情况，因此不能动态地表示藻类变化的驱动机制。Droop[120] 针对这种问题，提出了一种 Droop 模型，此模型有个假设：不适用于非限制性营养盐条件。对于浮游植物而言，其生长可以理解为细胞的生理特征，实质上是胞外环境与胞内的共同反应，它的生长速度也是随着细胞内的营养物的储额成正比例变化，因此适用于多数的限制性营养盐条件。Auer 等[121] 对 Droop 模型进行了进一步改进，给出了细胞生长需要的磷含量阈值，很好地把贫、中、富 3 种营养水平有效地联系起来。

（3）回归模型

回归模型是一种常用的数学模型，它通过统计关系来进行定量描述，主要有一元线性回归模型、多元回归模型、差值回归模型及逐步回归模型等。这类模型以大量生物、地形、水质数据为基础，分析获取湖库生物与营养物之间的关联性。早在 20 世纪 70 年代，经济合作与发展组织（OECD）展开湖泊富营养化研究，通过对全世界 200 多个湖泊的深入监测，发现湖泊营养状态指标与限定生产力的元素间有着明显的相关关系。刘鸿亮等[122] 归纳总结出世界各地湖泊叶绿素 a（Chla）与总磷的关系（表 1-1）。首先，回归模型理论简单，能够直观地对水体富营养化状态进行评价，并且应用简单快捷，是对水体进行初期富营养化评价的有效工具之一。但是，回归模型需要有大量的监测数据支持，这些数据的质量对模型的好坏有很大的影响，而在实际研究中获得大量完整的数据是非常困难的。其次，回归方程一般是基于经验的，在这一个湖泊上适用的方程，在另一个湖泊上可能效果就不是很好。综上所述，简单的回归模型不是现在富营养化模型研究的主流。

表 1-1 世界各地湖泊叶绿素 a 与总磷相关关系[122]

研究人员	数据	方程
Sakamolo（1966）	31 个日本湖泊	$log(Chla)=-1.134+1.583log(P)$
Lund（1970）	英国湖泊	$log(Chla)=0.48+0.87log(P)$
Brydoes（1971）	Erie 湖	$(Chla)=-2.1+0.25(P)$
Mceard（1972）	Minnetonka 湖	$(Chla)=4.2+0.58(P)$
Edmondson（1972）	华盛顿湖	$(Chla)=-4.22+0.6(P)$
Mecoll（1972）	7 个新西兰湖泊	$(Chla)=-1.68+0.26(P)$
Dillon，Rigler（1974）	华盛顿湖、Ontario 湖及其他世界范围的湖	$log(Chla)=-1.14+1.45log(P)$
美国富营养化调查（1974）	美国湖泊	$log(Chla)=-0.764+1.18log(P)$
Mills，Shaffner（1975）	纽约 Finger 湖群	$(Chla)=-2.9+0.574(P)$
Nusch（1975）	8 个西德水库	$(Chla)=-1.52+0.16(P)$
Nicholls（1976）	荷兰湖泊	$(Chla)=-1.17+0.62(P)$
Jones，Bachmann（1976）	143 个世界湖泊	$log(Chla)=-1.09+1.46log(P)$
Jones，Bachmann（1976）	4 个老挝湖泊	$log(Chla)=3.24+1.41log(P)$
Jackson（1976）	Quinte 湾各点	$(Chla)=-0.04+0.35(P)$
Schindler（1976）	世界 IBP 研究规划	$(Chla)=-3.87+0.46(P)$
Carlson（1977）		$log(Chla)=-1.36+1.47log(P)$
Nicholls	Kawartha 湖群	$(Chla)=-1.21+0.286(P)$

（4）生态—水动力水质模型

这类模型通常是在生态系统平衡的基础上，考虑生物间的化学反应、物理物质的迁移扩散、营养盐的循环与平衡等过程，结合外界环境驱动变量，建立微分方程组来分析生态系统内外各因素间的线性与非线性关系。由于考虑了生态系统间的营养物质随空间与时间的变化，能较好地描述水体中生物的化学变化过程，因此被广泛地应用于实际研究中。

20 世纪 70 年代初，Chen 等[123]开发了水质动力学模型，为生态动力学模型奠定了基础。Park[124]等给出了 Clean 系列湖泊模式，综合考虑了硅、碳、磷、氮循环，至今应用广泛。Jorgensen 等[125]用 17 个状态变量来描述食物网内的营养物质循环，由于该模型考虑了藻类生长过程的两个阶段，因此能更系统地描述营养物在富集的过程中对季节的变化响应。其他主流的生态结构动力学模型还有 CE-QUAL 模型、QUAL-Ⅱ模型、WASP 模型等。CE-QUAL-RIV1 模型由美国陆军工程兵团研制开发，用于模拟分支河网的水质与水流量变化，该模型对不同水质元素及变化大的流量都能很好地处理，它是一种高效的水动力模型，但是只能模拟常规污染物，在某些情况下会出现数值的计算失衡，并且所包含的富营养化动力过程是很有限的[126]。QUAL-Ⅱ模型是一种一维稳态模型，主要用于模拟分枝河网的富营养化过程，研究的变量包括藻类、细菌、磷、氮、DO、BOD、水温等，此模型广泛用于求解各种环境问题，也可进行最大水质日污染负荷研究，并且在模拟稳定负荷输入与稳态流的河流中也得以成功运用，目前此模型已发展为 QUAL2E、QUAL2K[127, 128]。WASP 模型也是 USEPA 开发的一种水质模拟计算软件，它能模拟两个水体层和几个底泥层，被称为万能水质模型。该模型有较好的灵活性，利于二次开发，且能够与其他模型进行很好地融合[129]。

1.3 待解决的关键问题

自 1982 年粗糙集被提出之后，无论是在理论研究方面还是在应用实践方面，都取得了很大的进展。然而，经典粗糙集理论中的离散化处理、知识约简以及规则知识提取与推理决策，在实际应用中都存在一定的局限性。

（1）传统离散化算法普遍存在直观性较弱、离散化区间的划分不稳定问题。

虽然经典的离散化算法大多来自数据挖掘领域，并且取得了广泛的应用，但也存在一定的局限性。例如，离散化后的信息缺失严重、离散化性能不稳定、直观性不足、过度离散化造成离散化过程太复杂而难以应用等问题，这些因素大大制约了粗糙集理论在连续数据领域的应用。因此，有必要对离散化问题进行进一步的研究。

（2）在不完备信息系统中难以满足传统粗糙集的等价关系约束条件，而且抗噪声能力较弱。

经典粗糙集研究的是完备的信息系统，并且建立在不可分辨这种等价关系上，因此对数据的精确性与完整性要求很高。但是在现实生活中，由于数据采集方面的客观限制，很难保证数据的精确性与完整性。因此在一些不完备粗糙集理论研究中，已将严格的等价关系放松为容差关系、相似关系、限制容差关系，甚至是一般的二元关系等；同时，为了处理信息系统中的噪声，Ziarko 提出了变精度粗糙集思想，众多学者也相继进行了深入的研究。但是处理噪声与不完备信息的研究较少。因此，很有必要建立一种理论方法实现带噪声不完备信息系统中的知识获取。

（3）传统的串行知识匹配效率较低。

粗糙集理论可以通过对数据的约简获取决策规则。但是，当知识库规模较大、条件属性个数较多时，存在提取规则速度慢、规则长度长等缺点。如何提高知识库中知识规则的匹配速度，是大数据时代知识发现中亟待解决的问题之一。而传统的串行处理模式远不能满足大数据时代高效的知识获取需要，因此，很有必要研究一种并行的知识推理方法来提高知识获取的速度。

（4）经典粗糙集用等价类的思想，通过上、下近似两个集合来定义一个不可定义的静态不确定集合X，难以处理动态信息系统中的动态数据挖掘和动态知识发现问题。针对这个问题，史开泉教授基于元素迁移的概念建立了一种动态奇异S粗糙集，他将经典粗糙集的固定边界线变为浮动边界线，使得经典粗糙集具备了动态特性，但是忽略了元素迁移时的粒度大小变化所造成的知识动态挖掘结果不一致。因此，有必要在动态粗糙集的基础上考虑元素迁移时的粒度大小并建立相应的策略。这也是需要解决的一个关键问题。

1.4　主要创新点

本书针对以上 4 个局限性，结合水质富营养化评价这一生态环境领域的典型应用问题，开展扩展粗糙集模型研究，取得的主要创新成果如下。

（1）提出了基于三原色的可视化离散化算法

针对传统离散化算法处理二值对象时存在的直观性较差、离散化后信息有缺失以及过度离散化造成计算复杂度高等问题，借鉴色彩学里的三原色原理，提出了基于三原色的可视化离散化算法。该算法从可视化角度从发，能够对数据类别分布进行可视化呈现，并利用视觉模糊性与主动生长原理实现类别混叠区域的视觉模糊化，在图形空间上对离散化区间进行划分。在 UCI（University of California, Irvine）公共数据集上进行的对比实验测试结果表明，该算法不仅实现了稳定、准确的数据离散化，而且表现出了较好的直观性与分类效果。

（2）提出了基于差异关系的不完备目标信息系统变精度粗糙集知识约简算法

传统粗糙集的等价关系约束条件在不完备信息系统中难以得到满足，而且不完备信息的处理还需要较强的抗噪声能力。本书提出了不完备目标信息系统中的差异关系，建立了基于差异关系的变精度粗糙集模型，进而提出了相应的知识约简定义和知识约简算法，实现了带噪声不完备信息系统中的知识获取。通过对差异关系变精度粗糙集模型中阈值参数 β 的特性分析，发现了依赖度与阈值参数范围之间的关系，分析了阈值参数的取值对知识约简的影响变化规律。该算法已应用于三峡库区香溪河富营养化不完备数据的知识约简中，实现了带噪声不完备信息系统中的富营养化知识获取。

（3）提出了不完备信息系统中的并行推理模型

针对传统粗糙集模型中并行推理能力弱的问题，借鉴 Petri 网的并行推理能力，提出了不完备信息系统中的并行推理模型。该模型以差异关系的变精度粗糙集知识约简算法为基础，首先获取精简的属性集，用于构建优化的 Petri 网模型，进而结合 Petri 网的矩阵推理运算实现不完备信息系统中知识的高效并行推理。该模型已应用于三峡库区香溪河富营养化不完备数据的知识推理，实现了带噪声不完备信息系统中的高效知识推理。

（4）提出了双向 S 粗糙集上的动态知识获取策略

针对经典粗糙集在动态知识处理中的不足，借鉴双向 S 粗糙集元素与属性迁移的思想，根据元素动态变化的粒度大小提出了两种基于双向 S 粗糙集的动态知识获取策略：一种是在决策表中增加或删除单个元素时，建立相应的近似分类质量动态更新机制，分析新等价类中相对于决策类的置信度以及动态更新的阈值选取问题，提出面向单元素变化的增量式知识更新算法；另一种是在决策表中增加或删除多个元素时，建立近似分类质量动态更新机制，设计了面向多元素变化的动态知识更新算法。将这两种算法与其他同类算法在 UCI 公共数据集上进行的对比实验结果，验证了这两种算法具有较好的分类精度与较短的处理时间。最后，以双向多元素迁移的动态扩展粗糙集为理论基础，分析研究三峡库区香溪河春季两次水华前期的前兆异常，从而为香溪河水华的预报提供了借鉴与参考。

1.5 本书总体框架

本书共计 7 章，对上述内容进行展开论述。

第 1 章 绪论。介绍了课题的研究背景与研究意义；对粗糙集理论、扩展模型及应用中的研究进展与发展趋势进行了综述，以便找到理论研究的突破点；同时总结了国内外富营养化评价方面的研究现状与发展趋势，分析了这些研究的不足与前

景；并给出了本书的待解决关键问题、创新以及本书的总体框架。

第2章　粗糙集与Petri网基础理论。首先从总体上给出粗糙集的一些基础理论，然后分别从粗糙集的离散化处理、知识约简、知识的归纳与推理建模进行简要介绍；其次对Petri网模型的概念与性质、知识表达与推理过程进行了相应介绍。该章是全书的理论基础，为后续各章提供最基础的理论支撑。

第3章　基于三原色的可视化离散化算法。针对传统离散化算法处理二值对象时存在的直观性较差、离散化后信息有缺失及过度离散化造成计算复杂度高等问题，借鉴色彩学中的三原色原理，提出了基于三原色的可视化离散化算法。在公用数据集上进行的对比实验测试结果表明该算法不仅实现了数据稳定、准确的可视离散化，而且表现出了较好的直观性与分类效果。

第4章　不完备并行处理粗糙集模型。首先，在不完备信息系统中不但难以满足传统粗糙集的等价关系约束条件，而且需要较强的抗噪声能力。在不完备目标信息系统中定义差异关系，建立基于差异关系的变精度粗糙集模型，提出相应的知识约简定义和知识约简算法，实现带噪声不完备信息系统中的知识获取。对差异关系中变精度粗糙集模型阈值参数 β 的特性进行分析，对依赖度与阈值参数范围之间的关系进行了研究，对阈值参数的取值对知识约简的影响变化情况进行分析。最后通过实例分析说明了算法的有效性。其次，以基于差异关系的不完备目标信息系统中的变精度粗糙集知识约简算法为基础，分析了Petri网的并行处理特点，建立了不完备信息系统中的并行推理模型，从而实现香溪河2015—2016年11个监测断面的不完备富营养化数据的快速推理和评价。

第5章　动态粗糙集分析模型。分析了经典粗糙集在动态知识处理上的不足，根据动态变化元素的数量提出了两种解决策略：一种是决策表中增加或删除的是单个元素时，建立相应的近似分类质量动态更新机制，分析新等价类中相对于决策类的置信度以及动态更新的阈值选取问题，同时提出面向单元素的增量式知识更新算法；另一种是决策表中增加或删除多个元素时，建立近似分类质量动态更新机制，设计了面向多元素的动态知识更新算法。并以香溪河2005年春季两次水华期间两个监测断面监测数据为研究对象，以双向多元素迁移的动态扩展粗糙集为理论基础，深入分析香溪河春季两次水华前期的前兆异常，从而为水华的预报提供决策支持。

第6章　三峡库区水生态环境在线监测系统。本章对三峡库区水生态环境在线监测系统进行了介绍，主要包括系统架构以及技术架构的各层结构，对融入了本书算法的水质富营养化功能进行了介绍。

第 7 章　结论与展望。对全书进行总结并对未来的研究提出设想与展望。

本书具体组织结构如图 1-1 所示。

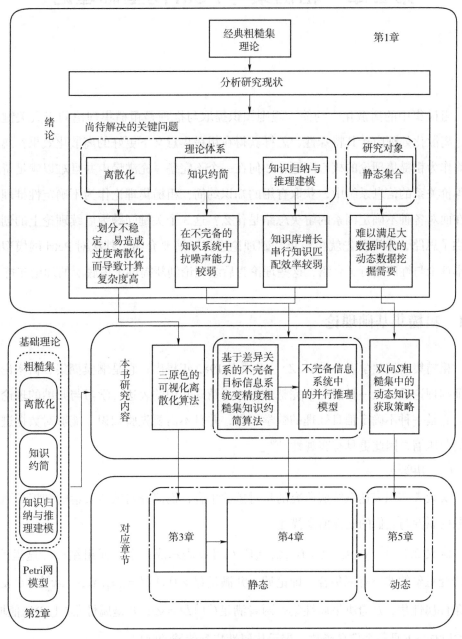

图 1-1　本书组织结构

第 2 章　粗糙集与 Petri 网基础理论

粗糙集中的离散化、约简、规则知识提取与推理是粗糙集理论的三大关键问题。离散化处理由于其特殊性，怎样获得在粗糙集意义下更好的离散化效果？属性约简作为粗糙集理论的核心问题，如何在一个不完备、充满噪声并且难以满足苛刻的等价关系的信息系统中，获取有用的知识约简？粗糙集理论作为不确定性推理方法在面对各种不确定因素的解决思路是什么？这 3 个关键问题为后续理论上的创新提供了思路，本章首先就粗糙集基础理论进行了简要介绍，其次对 Petri 网模型的基本理论与性质进行了介绍，这些理论为后续理论创新提供了最底层的理论支持。

2.1　粗糙集基础理论

粗糙集由波兰学者 Pawlak Z[5] 教授于 1982 年提出，它是继模糊集、概率论以及证据理论后的又一种研究不完整数据、不精确知识的表达、学习与归纳的理论方法。它是一种不确定信息处理的数学工具，并且不需要先验知识，能够对数据进行约简与压缩，因此更具有客观性[130]。

（1）决策表

决策表知识表达系统所研究的是对象的集合，而研究对象所表达的知识是通过对象的属性与它们的属性值来描述。

定义 2.1[34]　决策表 $S = (U, C, D, V, f)$ 可以表示成一个五元组结构。这里的 U 为研究对象的非空有限集合，即论域，并满足 $U \neq 0$ 且 $U = \{x_1, x_2, \cdots, x_n\}$；$C$ 表示为条件属性集，D 为决策属性集，两者满足 $C \bigcap D = \varnothing$；$V$ 是属性集 $C \cup D$ 的值域；$f : C \cup D \to V$ 是一个信息函数，表示从属性集到值域的映射。

决策表一般是以二维表来表示，行表示对象，并且每行代表对象的一条信息，列代表属性。

（2）不可分辨关系

定义 2.2[34]　当两个不同的对象通过相同的属性来描述时，那么这两个对象在系统中属于同一类，它们之间的关系称为不可分辨关系。对每个属性子集 $B \subseteq C \cup D$，定义一个不可分辨关系 $\mathrm{IND}(B)$，即

$$\mathrm{IND}(B) = \left\{ (x,y) \mid (x,y) \in U \times U, \forall r \in B \left[r(x) = r(y) \right] \right\} \tag{2-1}$$

不可分辨关系是对象由属性集 B 来表达在论域 U 上的一个等价关系。它体现的是知识的颗粒结构，正是这种知识粒度的存在才会使已有的知识不能准确地表示某些概念。

（3）负域与正域

定义 2.3[34]　在决策表 $S = (U, C, D, V, f)$ 中，$\forall B \subseteq C \cup D$，在给定论域 U 上，对每个子集 $X \subseteq U$ 以及一个等价关系 $R \in \mathrm{IND}(S)$，定义如下两个子集：

$$\overline{R}X = U \left\{ Y \in U / R \mid Y \cap X \neq \varnothing \right\} \tag{2-2}$$

$$\underline{R}X = U \left\{ Y \in U / R \mid Y \subseteq X \right\} \tag{2-3}$$

分别称为 X 关于 R 的上近似集与下近似集；那么 $\mathrm{BN}_R(X) = \overline{R}X - \underline{R}X$ 为 X 关于 R 的边界域；称 $\mathrm{NEG}_R(X) = U - \overline{R}X$ 为 X 关于 R 的负域；$\mathrm{POS}_R(X) = \underline{R}X$ 为 X 关于 R 的正域。

对论域 U 上的任意一子集 X，如果 $\mathrm{BN}_R(X) = \varnothing$，那么称 X 关于 R 是可定义的，即 X 可以用属性子集所确定 U 上有限个等价类的并来表示。否则，称 X 关于 R 是不可定义的。R 不可定义集被称为 R 的 Rough 集或 R 的非精确集，而 R 可定义集被称为 R 精确集。

（4）属性约简

属性约简涉及两个重要的概念：属性约简与核属性。在对它们进行讨论前，先做如下定义：

定义 2.4[34]　在决策表 $S = (U, C, D, V, f)$ 中，设 $U / D = \{D_1, D_2, \cdots, D_k\}$ 为决策属性 D 对论域 U 的划分，$U / C = \{C_1, C_2, \cdots, C_m\}$ 表示条件属性集 C 对 U 的划分，那么可以称 $\overline{C}(D_i) = \bigcup \{C_j \mid C_j \cap D_i \neq \varnothing\}$ $(i = 1, 2, \cdots, k)$ 为 D_i 在 U 上关于 C 的上近似集；而 $\underline{C}(D_i) = \bigcup \{C_j \mid C_j \subseteq D_i\}$ $(i = 1, 2, \cdots, k)$ 为 D_i 在 U 上关于 C 的下近似集；不难看出，$POS_C(D) = \bigcup\limits_{D_i \in U/D} \underline{C}(D_i)$ 为 D 的 C 正区域。

定义 2.5[34]　在决策表 $S = (U, C, D, V, f)$ 中，U 为论域，对于 $\forall b \in B \subseteq C$，如

果 $\text{POS}_B(D) = \text{POS}_{B-\{b\}}(D)$ ，那么 b 在 B 上相对于 D 是不必要的，即可以省略的；反之，称 b 在 B 上相对于 D 是必要的。对于 $\forall B \subseteq C$ ，如果其中任意一项元素相对于 D 来说都是必要的，那么可以称 B 相对于决策属性 D 是独立的。

定义 2.6[34] 在决策表 $S = (U, C, D, V, f)$ 中，如果 $\forall B \subseteq C$ ， $\text{POS}_B(D) = \text{POS}_C(D)$ 且 B 对于 D 来说是相对独立的，那么称 B 是条件属性 C 相对于决策属性 D 的基于正区域属性约简。 C 相对于决策属性 D 的所有属性约简则记成 $\text{RED}_D(C)$ 。

定义 2.7[34] 在决策表 $S = (U, C, D, V, f)$ 中，如果条件属性 C 相对于决策属性 D 的所有基于正区域的属性约简记成 $\text{RED}_D(C)$ ，那么称 $\text{CORE}(C) = \cap \text{RED}_D(C)$ 为决策表的核属性。

2.1.1 离散化处理

在现实的决策信息系统中，通常会存在两种类型数据：离散数据与连续数据。例如，在富营养评价信息系统中，水体的富营养等级有五级或六级，这个数据就是离散数据；而实际在线监测或实验室测得的各种指标数据是连续数据。离散数据用枚举型数据或少量字符来描述，因此通常是定性的，而连续数据取自实数域，因此通常是定量的。在进行决策信息系统分析时，可以采用智能算法处理，然而智能算法并不是万能的，像神经网络这样的智能算法善于处理连续数据，而粗糙集在离散数据处理上有着较大的优势。运用粗糙集进行决策信息系统的数据处理时，决策信息系统中的对象一般需要采用离散的数据表达形式。尽管在有些时候，信息系统中的数据已经是离散数据，但是为了得到更粗的知识表达，就需要对离散值进行更高层次的抽象。这样不仅能够抽取出简洁的知识表达，让用户更容易理解；更重要的是，提升了粗糙集的运算效率以及知识获取的泛化能力，进而提高了推理预测的能力。这也正是粗糙集的本质[131]：实现概念的不断泛化与提升，以此得到更好的求解性能。

连续属性的离散化问题不是一个新课题，虽然早期的各领域学者将其作为数据预处理中的核心问题进行了大量深入的探讨，并取得了一定的研究成果，但是在不同领域里对数据离散化问题有着独到的要求与处理方式，例如，决策树算法中连续值断点集的划分是根据不同断点划分中信息增益的大小来决定的[132]；而在粗糙集中对离散化的要求主要有两点：首先要综合考虑决策属性对条件属性的影响，这就要求与原有系统保持协调性、一致性。其次要使离散化后的结果尽可能地保持与原有信息系统一致的分辨关系，并且要从离散化后的结果中提取出有用的规则知识，以及获得较好的推理泛化性能。这两点都是粗糙集中的离散化处理与其他离散化方法的主要区别。那么，如何在满足粗糙集中离散化要求的同时，避免过度离散化造成计算复杂度偏高是有待进一步研究的问题。

连续值的离散化在形式上可以见以下描述：

对于一个决策信息系统 $S = (U, C, D, V, f)$，C 为条件属性集，如果 $\forall c \in C$，有 $V_c = [s_c, l_c]$，其中 $s_c, l_c \in R$。那么条件属性 c 的有限断点集 $Cut(c) = \{v_c^t \mid v_c^t \in [s_c, l_c], t \in Z^+\}$ 将属性 c 中的取值区间 V_c 划分为多个子区间 $[s_c, v_c^1) \cup [v_c^1, v_c^2) \cup \cdots \cup [v_c^t, l_c]$。如果所有条件属性都基于各自的断点集 $Cut(c)$ 来划分，那么决策信息系统 $S = (U, C, D, V, f)$ 经离散化处理后变为 $S' = (U, C, D, V', f')$；同时在 $\forall x \in U$ 且 $t \in Z^+$ 时，满足 $f'(x, c) = t \Leftrightarrow f(x, c) \in [v_c^t, v_c^{t+1})$。那么可以称 S' 是对原决策信息系统 S 进行离散化处理后的决策信息系统。

离散化实质是对 n 个属性所组成的 n 维空间进行重构、划分，并且与原有信息系统保持一致，不会丢失过多的信息。离散化问题的核心在于如何找到每个属性合适的断点集。

离散化的具体过程可以归纳为以下 3 个关键步骤：

（1）选取初始断点集。首先对要操作的属性按照值的大小进行排序，根据排序结果选取每个属性的中间值作为初始的离散化断点集。

（2）离散化处理。通过离散化算法选出合适的断点。离散化算法有很多种，但是如何获得较优的断点从而提高后续运算效率是该步骤的目标。

（3）停止准则判定。根据预先设定的离散化启发规则，在经离散化处理后判定是否满足给定规则，如果满足则结束迭代；否则继续进行离散化处理。

图 2-1 为离散化的具体流程。

2.1.2　知识约简

知识约简是粗糙集理论的一项核心研究内容。根据约简的粒度层次，可以将基于决策信息系统的约简划分为条件属性约简、对象约简以及属性值约简。

（1）条件属性约简

所谓条件属性约简就是从决策信息系统中删除某整列数据，使得去除的属性不影响原始决策系统中决策属性的分类能力。这些去除的属性通常称为冗余属性，由于不同的条件属性在知识分类与决策时的作用不尽相同，有的属性起着关键作用，有的作用可能不是很重要甚至是冗余的。条件属性的约简与深入分析，能够为找到

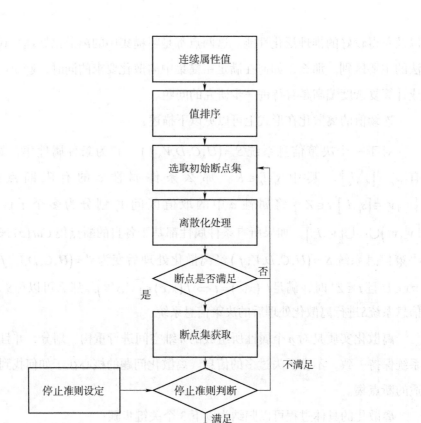

图 2-1　离散化流程

简洁的决策规则和提高知识的抽取效率提供技术支持。

（2）对象约简

与条件属性约简所不同的是，对象约简针对的是决策信息系统的某一行，一般应用于预处理阶段。其本质主要是：

1）删除决策信息系统中的孤立异常值；

2）分离出影响决策系统不一致的对象；

3）把决策信息系统中的冗余的或重复出现的对象进行归并。

存在一个给定的信息系统 S ，有两个对象 o_i 与 o_j ，删除满足以下条件的对象 o_i ：

$$\forall o_j \in U，使 f(o_i, C) \neq f(o_j, C) 并且 f(o_i, D) \neq f(o_j, D)$$

分离出满足以下条件的 o_i 与 o_j ：

$$\forall a \in C，使 f(o_i, a) = f(o_j, a) 并且 f(o_i, D) \neq f(o_j, D)$$

归并满足以下条件的 o_i 与 o_j ：

$\forall a \in (C \cup D)$ ，使得 $f(o_i, a) = f(o_j, a)$

对象约简的作用主要有：

1）由于删除了孤立点，降低了噪声干扰在知识提取中的影响；

2）由于对不一致对象进行了分离，使决策信息系统的不一致性降低；

3）由于对冗余对象进行了归并，能有效提高后续工作对决策信息系统的处理效率。

（3）属性值约简

属性值约简是将每个对象在保持原有的分类或决策能力的前提下去掉冗余或重复的条件属性值项，使后续产生的决策规则有更好的推理与泛化能力。满足 $\forall o_i \in U$ 且 $[o_i]_C \subseteq [o_i]_D$ ，如果 $\exists a \in C$ ，使 $[o_i]_{C-\{a\}} \subseteq [o_i]_D$ ，则可以称对象 o_i 在属性 a 上的属性值是可以约简的。

条件属性约简与条件属性值约简虽然都是对冗余信息的约简，但是前者的处理对象是条件属性上的所有属性值，而后者的处理对象已经局限于某个具体对象上的几个特定条件属性上的属性值。此外，二者的泛化区域也不相同，前者的泛化区域是全局性的，而后者的泛化区域是局部的。

在决策信息系统中，知识约简问题方面最核心的应该是条件属性约简，它的结果直接影响规则的泛化性能。而属性值约简也是在属性约简的前提下所引申得到的。本书将对条件属性问题进行重点讨论与分析。

2.1.3 知识归纳与推理建模

在通过粗糙集进行推理、评价与决策时，如何对决策信息系统进行知识的归纳与提取，并取得相应的决策规则来指导用户做出各种决策，也是归纳机器学习的最终目标。

2.1.3.1 知识归纳中的不确定性分析

粗糙集是一种基于归纳学习的挖掘方法，它有别于传统的分析学习，不需要任何先验知识，其学习完全来源于丰富的经验数据，规则的产生完全是由数据驱动的，因此能够获得客观真实的结论。

粗糙集的基本思想在于将决策信息系统中所有对象数据根据属性集来进行分类与归纳，最终产生概念，再用此概念研究目标属性，最后得到关于此决策系统的关联规则，这些规则不仅可以根据评估交给用户用于推理、决策，也可以在系统中建立一个知识库，为后续推理与决策提供方便。

但是在现实中，由于客观上某些现象或事物暴露得不充分，以及或多或少存在着各种模糊性与随机性，导致事物间的联系非常复杂。这样就会使人们对它们的认识也伴随着一定程度的不完全、不精确、不确定性。如何从这些充满着诸多不确定性因素的决策信息系统中获取某种近似确定、合理的规则知识，是所有归纳学习算法所面临并亟待解决的问题[133]。

归纳推理学习中的不确定性因素主要有数据本身的不确定性和对知识认知的不确定性[134]。

在信息系统中数据的不确定性因素主要来源于以下 5 个方面。

（1）数据的动态变化。传统的规则挖掘对象一般是某个时间点上的实体，因此是一种基于静态信息系统的静态知识获取。实际中的信息系统往往具有过程性与易变性，为了刻画某个时间段内信息系统的变化规则与变化趋势，一个较好的归纳学习算法就显得很有必要。

（2）不完备的数据。人们在数据录入时可能会对数据理解有误，或者认为不重要甚至是忘记填写而造成某些值被遗漏，也有可能是数据采集设备的故障、传输介质的故障、实验手段的限制导致某些对象在某些属性上无法得到确切的值，从而产生了不完备的数据。这会加大粗糙集提取规则知识的难度，并且给规则推理与决策带来了很多不确定性。

（3）数据描述的非精确性。在实际问题中，不同的数据对象在各种属性上的数据表达也不是统一的，往往会有大量的不确定性表达形式，如随机型数据、模糊型数据及区间型数据等。这些也会给知识的提取与推理带来一定的困难。

（4）数据描述的多样性。在实际应用中，各个属性间的表达方式也不尽相同，有的可以用离散数值来表达，有的可以用连续数值来表达，有的可以用语言文字描述，而有的还可以用符号来描述，这些不规则的表达方式会给知识的提取与推理带来不确定性。

（5）噪声数据。引起噪声数据的原因可能是编程错误、硬件故障或者是人为录入的失误所造成的孤立点或错误数据。这会使决策信息系统产生不协调性与不一致性。噪声数据会影响知识抽取的准确性并使得推理与决策出现很大的不确定性。

相应地，知识的不确定性主要表现在以下几个方面。

（1）对象集合的不确定性。知识表示存在颗粒性，同一粒度内的知识就无法进行区分，在集合中某个粒度范围的对象，也有可能属于另一个集合。因此，这样推导出的决策规则也会带有很大的不确定性。这也是使所推导的规则具有泛化性能的前提。

（2）不适合的知识表达粒度。在决策信息系统中，如果对象集合的知识表达粒度过小，就会产生规则知识的低效与冗余；粒度过大就会使对象间不能有效地被区分。因此，如何确定合适的表达粒度也是一系列不确定与确定规则知识的重要研究。

（3）对象间没有足够的区分度。不同的学习算法在认知对象上也会存在各种差异，因此造成了对象间的区分也不尽相同。这就使得基于对象间的知识获取带来了一些不确定因素。

综上所述，在现实中会出现如此多的不确定性，粗糙集就是解决这些不确定性的软计算方法，它能处理各种人类对事物所描述的输入信息，而这种信息中也充斥着大量的不确定、不精确、不完全的数据，正是这些定量数据甚至是定性的语言才会更符合人工智能的定义。粗糙集作为一种不确定归纳推理工具是用怎样的方式在各种不确定因素中表达出用户希望或理解的知识？

基于模糊理论的不确定理论通过隶属规律描述事物间归属的不确定性，它用隶属度来表达知识的不确定性；基于随机论的不确定理论通过概率分布规律描述事件发生的不确定性，它用概率数值来表达知识的不确定性；基于粗糙集理论的不确定理论通过对象之间的不可分辨关系和边界域描述事件间的不确定性。而这种不完备、不确定性一般用两种方式表达。对于已知决策信息系统 S，通过 $U/OND(C)$ 的等价关系划分或 $U/SIM(C)$ 的相似划分来进行不确定性规则抽取与知识表达；条件属性划分与决策属性划分所产生的包含关系是知识不确定性的一种重要体现，如果 $[\ U/IND(C) \subseteq U/IND(D)\ ]$，那么可以说这种划分下的规则没有不确定性；反之，这种规则是带有不确定性的。

2.1.3.2　推理建模

基于粗糙集理论的知识规则提取、推理以及决策模型的建立由以下步骤组成，如图 2-2 所示。

（1）数据集收集

建立推理决策模型的属性集应该能表征系统的全部特征且数据应是合理的。数据集在收集时应考虑以下两个因素。首先是属性集的选择，理论上，条件属性越

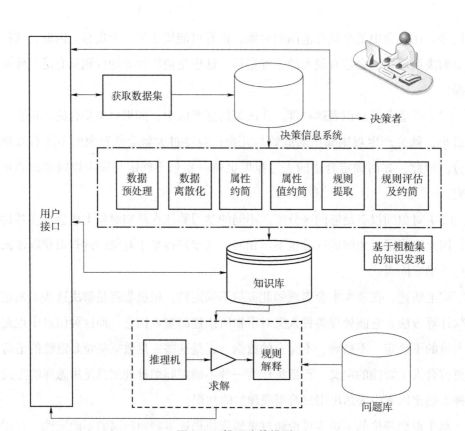

图 2-2　推理决策模型

多，就越能逼近系统的真实描述，然而有的属性相对于决策属性而言是冗余属性。其次是数据集的数量，通常是数据集越多，越能充分描述决策信息系统，也能增加规则提取准确性。但是过多的数据量不一定会提高准确性，有时反而会降低效率。因此，如何选择合理的属性及数据量是此阶段的一个重要内容。

（2）数据预处理

收集数据的同时不可避免地会带来噪声，这种噪声会增加知识获取时的不确定性，因此就很有必要对这些噪声数据进行识别与删除；此外，还有一些没有取值的数据需要通过对缺失值做插补或者删除具有缺失值的记录；而对于一些特殊数据（如区间型、模糊型）就需要对数据进行变换处理。

（3）数据离散化

数据离散化在粗糙集中是对数据进行属性约简的前提条件，在决策信息系统中，条件属性与决策属性都有可能是连续值，由于粗糙集不能直接从原始的带有连续值的系统中获取知识，因此必须对信息系统进行离散化处理。离散化的本质是提高被离散化属性的知识粒度，为后续约简处理提供方便。如果知识表达粒度选取不合适，就会影响原有决策信息系统的不可分辨关系，导致知识提取中出现很多不确定性甚至产生较大的偏差。

（4）属性约简

在保持与原有决策表相一致的基础上，对条件属性进行约简，获得核属性。使约简后的信息系统与原有的信息系统保持相同的知识表达。用于约简的最常用的一种方法是基于属性重要度的分析，通过求解各条件属性相对于决策属性的重要度，来指导属性约简。然而，实际情况也并不是很完美，在决策信息中充斥着大量的各种类型的不确定数据，对象间的不可分辨关系也有很多不确定因素存在，使得属性约简在不一致的情况下出现差异。因此，如何得到相应的约简结果是此阶段的重点内容。

（5）属性值约简

为了提高推理、决策的速度与效率，获得更精练的规则，需要在条件属性相对于决策属性一致的基础上，删除冗余属性。属性值约简在约简方法方面与属性约简有着较大的相似性。因此，在实际情况中，属性值约简在处理很多不确定数据时，也会存在一定程度的差异。

（6）规则提取

规则提取是对决策系统进行约简处理后所进行的知识提取阶段。通过逻辑推算符号能够将规则知识转换为相应的决策逻辑语言。其表达方式为：

设决策信息系统 S 中，C 为条件属性集，D 为决策属性，V 为属性值集合。有一命题联结词集合 $\{\neg,\wedge,\vee,\rightarrow,\leftrightarrow\}$ 分别表示否定、合取、析取、蕴含与等价。有序对 (a,v_a) 为一个原子公式，它表示在某个属性 a 上所有取值为 v_a 的对象集合。称 $\alpha\rightarrow\beta$ 是基于知识表达语言中的一种规则知识，它表示决策规则 "if α then β"，其中，α 为规则知识的前件，β 为规则知识的后件，它们都是通过命题联结词联系的有限原子公式表达。知识规则表达为

$$X_i = \left\{(a,v_a)\mid f(o,a)=v_a, \forall a\in RED(C)\right\} \tag{2-4}$$

$$Y_j = \left\{(a,v_a)\mid f(o,a)=v_a, a\in D\right\} \tag{2-5}$$

$$r_{ij}: X_i \rightarrow Y_j \ \ iff \ \ X_i \bigcap Y_j \neq \varnothing \tag{2-6}$$

约简的最终目的是从一个决策信息系统中提取知识并归纳出决策规则集，以便指导新对象的决策与分类。对于决策规则而言，通常需要满足可靠性、完备性与简洁性。这 3 点分别对应 3 种不同的规则质量的衡量标准，即支持度、置信度与覆盖度。

定义 2.8[135]　决策规则的支持度：

$$Sup\left(r_{ij}\right)=\frac{Card\left(X_i\cap Y_j\right)}{Card\left(U\right)} \tag{2-7}$$

式中，$Card\left(X_i\cap Y_j\right)$ 为满足规则 $X_i\to Y_j$ 的样本个数；$Card\left(U\right)$ 为整个论域的样本个数。

决策规则的支持度体现了决策规则在论域 U 上的代表性。规则的支持度高，说明此规则有较多样本覆盖，因此适应性更强，能得出较为可靠的结论。

定义 2.9[135]　决策规则的置信度：

$$Cer\left(r_{ij}\right)=\frac{Card\left(X_i\cap Y_j\right)}{Card\left(X_i\right)} \tag{2-8}$$

式中，$Card\left(X_i\cap Y_j\right)$ 为满足规则 $X_i\to Y_j$ 的样本个数；$Card\left(X_i\right)$ 为满足决策规则前件 X_i 的样本个数。

置信度能够反映决策规则获得正确结论的概率统计。因此，规则的置信度高，说明利于得出用户希望的结论。

定义 2.10[135]　决策规则的覆盖度：

$$Cov\left(r_{ij}\right)=\frac{Card\left(X_i\cap Y_j\right)}{Card\left(Y_j\right)} \tag{2-9}$$

式中，$Card\left(X_i\cap Y_j\right)$ 为满足规则 $X_i\to Y_j$ 的样本个数；$Card\left(Y_j\right)$ 为满足决策规则后件 Y_j 的样本个数。

覆盖度能够反映决策规则在决策信息系统 S 中同类决策的覆盖情况。

在决策过程中，决策规则的覆盖度能较为客观地反映决策信息表中"决策能力"的变化，而置信度与支持度是衡量决策信息表中"决策能力"这种相对静态状况的重要指标。

（7）知识表达与推理

在规则提取后，一般都是带有离散值的属性，为了便于用户理解，需要把这些知识进行解释或者转换为易于用户理解的形式，从而方便他们进行推理与决策。一般采用 IF-THEN 这种结构对规则进行描述，并通过产生式系统这样的模式来推理。产生式系统是波斯特·E 于 1943 年首次提出的一种计算形式体，它被证明与图灵机拥有相同的表达能力，其产生式规则有以下特点：

1）产生式的 IF-THEN 形式和人类思维、会话形式相接近，易于表达专家的经验与知识，并能解释专家怎样做他们的工作。

2）模块化产生式规则间并无相互的直接联系，它们只有通过工作存储器才能产生联系，而这种联系是间接的，每条规则都呈现在规则库中，这种规则易于修改与删除。

3）产生式的 IF-THEN 形式比较统一、直观。这种结构上的统一易于检索和推理，也方便设计与调试，因此能够高效地存储信息。

4）能很好地处理不确定推理问题。产生式的 IF-THEN 形式可以根据覆盖度、置信度与支持度等度量方法实现不确定推理度量。

当获得了产生式规则后，就要选择合理的推理机来推理、决策。基于已建立的规则知识库进行规则的推理与决策通常会面临以下两种问题。

首先是推理冲突问题。如果推理对象与多个规则前件相匹配，那么如何选择最终匹配的产生式规则就显得非常重要，方法选择的差异会导致决策结果的不确定性。这种问题的解决办法主要有以下几点：

1）人机交互实现。

依托人机交互界面把所有的规则知识呈现给决策人员，决策人员通过规则的 3 种不确定性度量方法结合自身经验知识来做出选择。这种方法由于考虑了人的主观知识，比完全由计算机做决策的方法更符合实际情况，但是会耗费大量的人力资源而导致效率不高。

2）根据知识特殊性排序。

知识的特殊性是指在决策信息系统中对条件属性要求较多的知识，在决策中按特殊性高低对知识进行倒序排列并给予从高到低的优先级，使得这些规则比没有按特殊性排序的规则更符合目标结论。

3）就近原则排序。

知识的就近性是指在知识匹配中给予最近使用次数越多的规则较高的优先级，这种策略较符合人们的思考与行为模式。

4）根据不确定性排序。

由于规则知识具有 3 种不确定的衡量标准，因此根据不确定性来选择规则，将不确定性较小的规则给予较高的优先级，推理将更为客观、合理。

5）根据知识的差异性排序。

知识的差异性是指在规则匹配中给予匹配率低的以及差别大的规则一个较高的优先级，使得那些很相似的规则不会被重复执行，避免了在某个问题周围做出低

效、重复的推理。

在实际应用中，不仅是用以上 5 种单一方法来处理冲突，也可以考虑将方法组合来处理，以达到更好的冲突消除效果。图 2-3 为推理机做规则推理及冲突处理的流程。

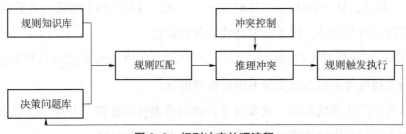

图 2-3　规则冲突处理流程

其次是推理效率问题。如何从大规模规则知识库中快速匹配有用、不冲突的规则，也是本书研究的一个重要内容。

2.2　Petri 网理论模型

Petri 网是联邦德国的卡尔·亚当·帕奇（Carl Adam Petri）于 1962 年在其博士论文——《用自动机通讯》中提出的数学模型。Petri 网是一种异步系统并行建模与分析的重要工具，它主要关注于系统中各事件间发生变化的原因、经过以及发生后彼此间的相互变动等。Petri 网是网状结构，这样的结构使它能在描述异步并行行为上有着巨大的优势，再结合其优异的图形表达能力，使得它能在多个领域里得到广泛使用[136]。Petri 网并非描述自然界中已经存在的自然规律，它所描述的是一个具有反应联系的模型，依靠网状结构的特性，Petri 网能够较好地分析出规律间的依赖关系，从而能客观反映事物间的相互推进关系。因此，它具有易于实现性[137]。

2.2.1　Petri 网的基本概念与性质

2.2.1.1　基本概念

通过 Petri 网模型来描述离散事件系统，可以形成一个简单的 Petri 网，它由 4 个基本元素组成：库所（place，用圆圈○表示）、迁移（transition，用小矩形□或竖线∣表示）、有向弧（arc，用带箭头的线→表示）及托肯（token，用圆圈中的·表示）。库所主要用来容纳事件中的有效资源。迁移体现的是事件中一个状态到另一状态的动态变化，通常是不可变化的。有向弧是库所到迁移的联系状态，有单向的也有双向的，有时还会注明有向弧的权值（一次性消耗资源数）。托肯表示的是系统的资源，它是对系统中所在库所的一种动态描述。库所与托肯可以理解为：如果库所中有一个托肯，那么表示该库所有且只能实现一次；如果库所中没有托肯，那么该库所就不能实现。图 2-4 为一个简单的 Petri 网模型，其中 $\{p_0, p_1, p_2, p_3\}$ 表示 4 个库所，$\{t_0, t_1, t_2\}$ 表示 3 个迁移，库所 p_0 与迁移 t_0 间通过一个有向弧联系，说明它们之间通过一个规则产生了联系。库所 p_0 与 p_1 内的黑点代表一个托肯，说明当前事件同时发生在 p_0 与 p_1 中。

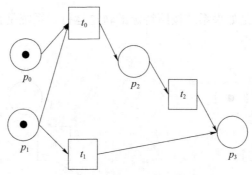

图 2-4　一个简单的 Petri 网模型

模型原理可以这样描述：有托肯的输入库所从一开始就会被点火，其托肯数量也会相应减少，并通过有向弧向下一库所传递，随着托肯不断地被传递，托肯的位置也会相应地动态变化，使得模型能够运行。从上述过程可以发现，输入库所是迁移的起点，也是模型运行的前提；而输出库所是迁移的终点，也是模型最后所得到的结论。Petri 网由输入库所通过迁移再到输出库所所经过的完整通路，可表示为一个事件从发生到结束的规则。

Petri 网结构的定义有很多种形式，在这里采用一个七元组 $PNS=(P,T,K,\alpha,\ \beta,\ I,O)$ 来表示，在此表达式中：

$P=\left(p_1, p_2, \cdots, p_n\right)$ 表示的是库所的所有有限集合，其中 n 代表库所数目 $(n>0)$；

$T=\left(t_1, t_2, \cdots, t_m\right)$ 表示的是迁移的所有有限集合，其中 m 代表迁移数目 $(m>0)$；

$K=\left(k_1, k_2, \cdots, k_m\right)$ 表示的是在所有库所中，由起点托肯组成的有限集合；

$\alpha \subseteq \left(P \times T\right)$ 代表从库所到迁移，对于库所而言是输出方向上所有有向弧的集合；

$\beta \subseteq \left(T \times P\right)$ 代表从迁移到库所，对于库所而言是输入方向上所有有向弧的集合；

I 代表的是从迁移到库所具有有向弧联系的所有输入库所的有限集合；

O 代表的是从库所到迁移具有有向弧联系的所有输出库所的有限集合。

2.2.1.2　Petri 网的基本性质

（1）可达性[137]

假设存在一个映射 $M: P \rightarrow \{0,1,2,\cdots\}$ 是 Petri 网的一个托肯，M_0 称为初始托肯，也就是当前 Petri 网的状态映射，如图 2-5 所示。可以看出图中托肯的变化情况，$M_{0_1}=\{1,0,0\}$ 到 $M_{0_2}=\{0,1,0\}$ 是经过迁移 t_0 转移的。在 Petri 网中，如果一个初始托肯 M_0 能通过一个迁移的激发得到一个新的托肯 M_k，那么就可以说 M_0 到 M_k 是可达的。这种性质可能会产生两种疑问：一种是要到达某种状态时，如何确定系统的运行轨迹；另一种是如果系统按照特定的轨迹运行，系统是否会出现一些不期望的状态[138]。

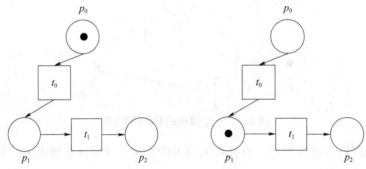

图 2-5　Petri 网模型例子

（2）活性[137]

在 Petri 网中，如果一个初始托肯 M_0 与一个迁移 t，同时 $\forall M \in R(M_0)$ 经迁移 t 得到新的托肯 M'，那么称迁移 t 是活的，记为 $M[t > M'$，此时的 Petri 网为活 Petri 网。活 Petri 网能够判断一个模型是否存在着死锁隐患。

（3）可逆性[137]

在 Petri 网中，若能同时满足 $\exists \forall M \in R(M_0)$ 与 $\exists \forall t_1, t_2 \in T(t_1 \neq t_2)$，并且能推导出 $(M[t_1 > \wedge M[t_2 > M') \rightarrow M'[t_1 >$，那么可以说该网络中每个托肯都是相互可达的，即能形成一个可逆的、可持续的通路。

（4）有界性[137]

在 Petri 网中，存在一个正整数 B 以及 $p \in P$，并且满足 $\forall M \in R(M_0)$：$M(p) \leqslant B$（其中 B 指的是在此模型中的可达集数量），那么就可以称库所 P 为有界的。对于 $\forall p \in P$ 都是有界的，那么整个 Petri 网可以称为有界 Petri 网。正整数 B 的最小值 $B(p)$ 当作这个模型的界，$B(p)$ 的定义如下：

$$B(p) = \min\{B|\forall M \in R(M_0): M(p) \leqslant B\}$$，如果 $B(p)=1$，说明库所 p 安全。

$$B(\Sigma) = \max\{B(p)|p \in P\}$$，Σ 是有界 Petri 网的边界，如果 $B(\Sigma)=1$，那么 Σ 就是安全的。

Petri 网的有界性体现了被模拟系统在运行过程中对相关资源的容量要求[139]。

2.2.2　Petri 网的知识表达与推理

2.2.2.1　基于 Petri 网的规则产生与表达

规则产生式的典型表示方式为："if…then…"，即"规则前提→规则结论"。通过 Petri 网也能表示一个基本的规则产生式，它不仅将某个迁移的输入库所作为规则的前提，还把输出库所作为规则的结论部分。当且仅当输入信息与命题一致时，库所才会得到一个托肯。而迁移所对应的所有输入库所其相应托肯也都存在的话，那么这个迁移就是可以点火的，点火后将托肯传递到与迁移有联系的所有输出库所。初始托肯经迁移的逐渐点火、传递直到传到最终的库所，那么这个最终库所就是本命题经过推理所得到的最后结论[140]。

2.2.2.2　基于 Petri 网的矩阵表示的推理机

Petri 网的所有定义都可以用矩阵来表示。对于一个具有 n 个库所 m 个迁移的 Petri 网模型，Petri 网的矩阵表示可以定义为：

定义 2.11　输入映射矩阵（IIM）$D^- = \left[d_{ij}^-\right] \in B^{n \times m}$ 是一个输入映射矩阵，这里的 $B^{n \times m}$ 为一个 n 行 m 列的二进制元素矩阵。元素 d_{ij}^- 是指在矩阵 D^- 中从库所 p_i 到迁移 t_j 是否存在一条有向弧。如果存在，则 $d_{ij}^-=1$；否则 $d_{ij}^-=0$。这里的有向弧是指单纯的一条有向弧，而不是经过了几个托肯或迁移后才可达的有向弧。Petri 网中有几个指向迁移的箭头，矩阵中就应该有几个一。

定义 2.12　输出映射矩阵（OIM）$D^+ = \left[d_{ij}^+\right] \in B^{n \times m}$ 是一个输出映射矩阵，这里的 $B^{n \times m}$ 为一个 n 行 m 列的二进制元素矩阵。元素 d_{ij}^+ 是指在矩阵 D^+ 中从迁移 t_i 到库所 p_j 是否存在一条有向弧。如果存在，则 $d_{ij}^+=1$；否则 $d_{ij}^+=0$。在 Petri 网中有几个指向托肯的箭头，那么就有几个一。

定义 2.13　连接输入映射矩阵（CIIM）$D_c^- = \left[\left(d_c^-\right)_{ij}\right] \in B^{n \times m}$ 是一个连接输入映射矩阵，这里的 $B^{n \times m}$ 为一个 n 行 m 列的二进制元素矩阵。CIIM 表示在 Petri 网中是否存在多个迁移与库所相联系的情况，如果没有，那么 $\left(d_c^-\right)_{ij}=0$；否则 $\left(d_c^-\right)_{ij}=1$。CIIM 的求解也比较容易，即在输入映射矩阵中库所与迁移没有连接时就用 0 来表示。

定义 2.14 非连接输入映射矩阵（DIIM）$D_d^- = \left[\left(d_d^-\right)_{ij}\right] \in B^{n\times m}$ 是一个非连接输入映射矩阵，这里的 $B^{n\times m}$ 为一个 n 行 m 列的二进制元素矩阵。DIIM 表示在 Petri 网中是否有多个库所存在着联系。如果没有，那么 $\left(d_d^-\right)_{ij}=1$，因此可以将矩阵 IIM 中连接的元素直接设为 0。非连接输入矩阵 DIIM 与连接输入矩阵 CIIM 都是以输入矩阵为基础，两者之和为输入矩阵 IIM。

定义 2.15 非连接邻接矩阵（DAM）$D_{dw} = D^+ \cdot \left(D_d^-\right)^T$ 是一个 n 行 m 列矩阵 D^+ 与一个 n 行 m 列矩阵 D_d^- 转置的乘积，在此矩阵中，$(d_{dw})_{ij}=1$ 说明库所 p_i 与库所 p_j 之间存在着一条通路，相应地，$(d_{dw})_{ij}=0$ 说明库所 p_i 与库所 p_j 之间是不存在通路的。

定义 2.16 库所中的托肯代表其初始状态，库所中的托肯可以用一个列向量 $H = [h_1, h_2, \cdots, h_n]^T$ 来表示，当 $h_i = 0$（$1 \leqslant i \leqslant n$），说明库所 p_i 中没有托肯；而 $h_i = 1$（$1 \leqslant i \leqslant n$），说明库所 p_i 中存在一个托肯。

通过以上定义，能够得到 Petri 网中各事件间关系的二进制矩阵表示，从而对模型做出简单的描述。

2.2.2.3 矩阵运算推理机

进行 Petri 网推理的第一步是根据系统中的相关信息或数据得到初始托肯矩阵 H_i。$H_i = \left[h_1(i), h_2(i), \cdots, h_n(i)\right]^T$，其中，$H_i$ 指的是在 i 步后系统中各库所的托肯状态，根据以下公式进行反复迭代，通过一系列点火直到没有迁移能被点火，此时的 Petri 网就是非活动的，最后在该公式中所求得的矩阵值，对应到相应库所上，就是所得结论。迭代公式为

$$H_{i+1} = H_i \vee \left(D_{dw} \oplus H_i\right) \vee \left\{D^+ \oplus \left[\left(D_c^-\right)^T \oplus H_i\right]\right\} \tag{2-10}$$

式中，D_{dw} 表示非连接邻接矩阵 DAM；D^+ 表示输出映射矩阵 OIM；D_c^- 表示连接输入映射矩阵 CIIM；$\vee$ 表示取大运算；$\oplus$ 运算见如下定义：

对于两个已知矩阵，若 $X \in B^{n\times m}$，$Y \in B^{m\times k}$，令 $Z = X \cdot Y$ 且 $Z \in B^{n\times k}$，那么

$$X \oplus Y = f(X \cdot Y) = f(Z) = \begin{bmatrix} f(z_{11}) & f(z_{12}) & \cdots & f(z_{1k}) \\ f(z_{21}) & f(z_{22}) & \cdots & f(z_{2k}) \\ \vdots & \vdots & & \vdots \\ f(z_{n1}) & f(z_{n2}) & \cdots & f(z_{nk}) \end{bmatrix} \tag{2-11}$$

其中的子元素

$$f(z_{ij}) = \begin{cases} 0 & z_{ij} = 0 \\ 1 & z_{ij} > 1 \end{cases} \qquad (2\text{-}12)$$

相应地，对于两个已知矩阵，若 $X \in B^{n \times m}$，$Y \in B^{m \times 1}$，令 $Z = X \cdot Y$ 且 $Z \in B^{n \times 1}$，那么

$$X \otimes Y = g(X \cdot Y) = g(Z) = \begin{bmatrix} g(z_{11}) \\ g(z_{21}) \\ \vdots \\ g(z_{n1}) \end{bmatrix} \qquad (2\text{-}13)$$

其中的子元素

$$g(z_{i1}) = \begin{cases} 0 & z_{i1} < d_i \\ 1 & z_{i1} = d_i \neq 0 \end{cases} \qquad (2\text{-}14)$$

$$d_i = \sum_{j=1}^{m} x_{ij} \quad 1 \leqslant i \leqslant n, x_{ij} \in X \qquad (2\text{-}15)$$

图 2-6 为 Petri 网具体建模流程。

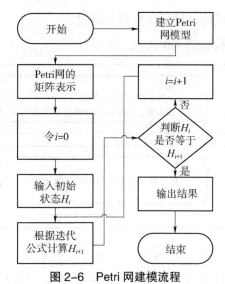

图 2-6　Petri 网建模流程

2.3　本章小结

本章首先对粗糙集理论进行了简要介绍，其次对并行 Petri 网模型的基本理论与性质进行了介绍。这些理论为后续理论创新提供了铺垫以及最底层的理论支持。

第3章　基于三原色的可视化离散化算法

3.1　引言

连续值的离散化处理是数据挖掘、机器学习中数据预处理的一项重要内容。针对离散化问题，尽管专家、学者们提出了很多种方法，但是这些算法的侧重点各有不同，针对不同的数据结构，不同的离散化算法通常会得出不同效果的离散化结果[141]。但是当要处理的对象为二值对象时，这些算法很容易造成离散化信息丢失的后果，直观性也较差，并且过多的离散化区间造成离散化过程特别复杂，从而导致应用性不强。这些都是在离散化处理过程中亟须解决的问题。本章针对这类问题，提出了基于三原色的多元图可视化离散化算法，用以解决离散化过程直观性差、离散化区间多所造成的计算复杂性高等问题。

本章的具体逻辑结构如图 3-1 所示。

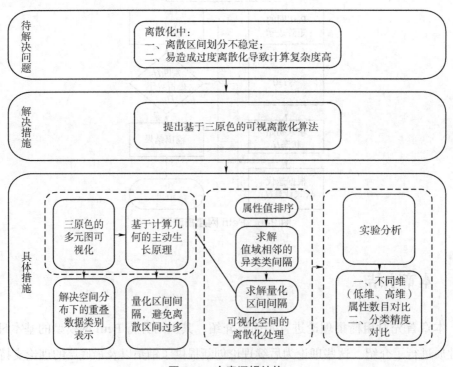

图 3-1　本章逻辑结构

3.2　基于三原色的多元图可视化

　　数据的可视化方法有很多，多元图是最常用的一种分析方法[142]。多元图不仅能将抽象的数据进行具体化表示，还可以描述数据在空间上的拓扑关系，从而有助于通过数学工具完成数据的处理。但是它也存在不足，例如对数据的类别信息表示欠佳。多元图虽然能够通过加入类别维来呈现类别信息，但是也存在相应的局限性，例如，由于类别维是用不同符号或不同颜色来表示，如图 3-2 所示，采用了3 种颜色来显示鸢尾花的类别，但是由于每个点只能对应一个类别，如果数据点发生重叠，那么就无法判断该点的最终类别。因此，这些重叠点都是分类器设计时必须重点考虑的因素之一。

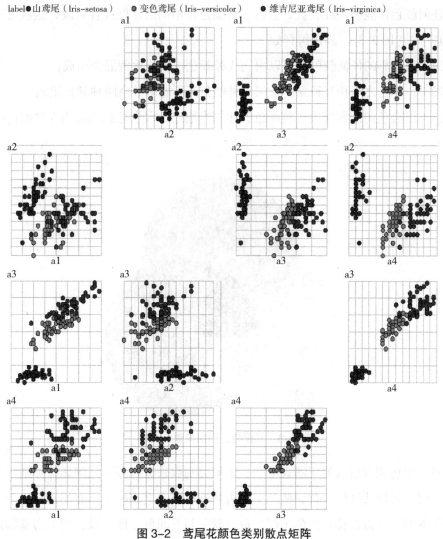

图 3-2　鸢尾花颜色类别散点矩阵

对于这些重叠点的问题有一种解决思路，就是将符号与颜色结合来显示这些点。但是这也可能会面临两个问题：首先，当有多个点重叠在一点时，它们又属于不同的类，如何得到它们之间的类别概率分布；其次，由于加入了符号与颜色信息，使得后期对图的处理困难，造成识别效率低、难以识别的问题。

综上所述，传统的多元图对分类数据中不同类别数据呈现在同一个区域的这种情况，就不能采用空间位置描述，而要结合概率模型描述。因此，传统多元图无法从类别概率与空间分布两个方面对数据直观显示。

本章在概率分布与多元图的基础上，提出了基于三原色的多元图表示，用于深化多元图中不同类别数据的概率关系。此多元图不仅能够描述原有数据结构，还能直观地表示不同类别概率的分布情况。

任何颜色都能够用红、黄、蓝这 3 种颜色按不同的比例混合而成，这就是三原色原理[143]（图 3-3）。具体解释如下：

（1）自然界的任何颜色都可以由这 3 种颜色按不同比例混合而成；

（2）三原色之间相互独立，任何一种颜色都不能由其余两种颜色组成；

（3）混合色的饱和度由 3 种颜色的比例来决定。混合色的亮度为 3 种颜色的亮度之和。

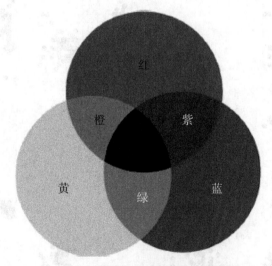

图 3-3　三原色、间色与复色关系

将三原色原理引入多元图表示中，根据类别数来选择颜色。例如，类别数小于等于 3 时，可以选择红、黄、蓝三主色为基础色用于类别标记；而类别数大于 3 小于等于 6 时，可以选择三主色（红、黄、蓝）与三间色（橙、绿、紫）为基础色用于类别标记；而当类别数大于 6 时，可以通过色彩调配产生各种基础色用于类别标记。

对于非重叠点，可以选择基础色来表示相应类别。对于重叠点，如果所有重叠点都是属于同类的，那么仍然采用相同的基础色表示；而重叠点有不同类的，则可根据类别分布通过各自的基础色进行按比例调配，调配后的颜色用于当前点的类别标记。

在二维直角坐标系中，有数据 $\{(x_1,y_1),(x_2,y_2),\cdots,(x_n,y_n)\,|\,(c_1,c_2,\cdots,c_n)\}$，其中 (x_i,y_i) $(i\in[1,n])$ 对应坐标上任一点，$c_i\left(i\in[1,n]\right)$ 为该点对应的类别，类别标签集合 $C=\{c_1,c_2,\cdots,c_n\}$ 且 $|C|\leqslant n$，易知 $c_i\in\left[0,|C|\right]$。这些点在该直角坐标系上所对应的具体颜色应该如何量化表示是个问题。用 RGB 来表示颜色虽然方便，但是两个相近的颜色的 RGB 值却可能相差很远，因此很难通过人类思维来量化这些颜色值。用 HSV（色相 h、饱和度 s、明度 v）[144]（图 3-4）来表示这些颜色，一是比较符合人们的习惯，二是方便定义量化。结合 HSV 颜色模型基本概念，在此二维直角坐标系中某点的颜色可以定义为 (h_i,s_i,v_i)，其中 $i\in[1,n]$。

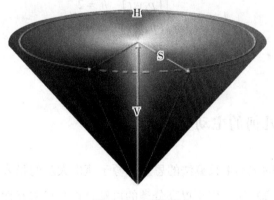

图 3-4　HSV 图

$$h=\begin{cases}360\times\dfrac{c_i}{|C|} & \delta=1 \\[2mm] \displaystyle\sum_{j=1}^{\delta}360\times\dfrac{c_j}{|C|} & 1<\delta\leqslant|C|\end{cases}\tag{3-1}$$

$$s=\left[\frac{1}{\delta}\right]^{\delta}\times100\%\tag{3-2}$$

$$v = \frac{\delta}{|C|} \qquad (3\text{-}3)$$

式中，$|C|$ 为类别总数；设某个点上类别数为 δ，$\delta \leqslant |C|$。

当用 HSV 定义好坐标系上各点颜色后，将其转换为 RGB 格式对当前点颜色进行着色处理。HSV 转换 RGB 公式定义如下：

$$h_k = \left[\frac{h}{60} \right] \bmod 6 \qquad (3\text{-}4)$$

$$f = \frac{h}{60} - h_i \qquad (3\text{-}5)$$

$$p = v \times (1-s) \qquad (3\text{-}6)$$

$$q = v \times (1 - f \times s) \qquad (3\text{-}7)$$

$$t = v \times \left[1 - (1-f) \times s \right] \qquad (3\text{-}8)$$

$$(r,g,b) = \begin{cases} (v,t,p) & h_i = 0 \\ (q,v,p) & h_i = 1 \\ (p,v,t) & h_i = 2 \\ (p,q,v) & h_i = 3 \\ (t,p,v) & h_i = 4 \\ (v,p,q) & h_i = 5 \end{cases} \qquad (3\text{-}9)$$

3.3 基于计算几何的主动生长算法

基于计算几何的主动生长算法的思想来源于燕山大学的张涛[145]，此算法是一种新的分类界面计算算法，用于提高分类的可解释性与可交互性。本章将主动生长算法引入量化区间间隔的合并与处理上，用以解决重叠点、线段的类别过多所引起离散化过细的问题。

在一维空间上，对样本集 X 中某个属性集 $X_j = \left\{ x_{ij} \mid i = 1,2,\cdots,n \right\}$ $(j=1)$，其值域范围为 $\left[\min X_j, \max X_j \right]$，其中：

$$\min X_j = \left\{ x_{ij} \mid i = \arg \min_a x_{aj} \right\} \qquad (3\text{-}10)$$

$$\max X_j = \left\{ x_{ij} \mid i = \arg \max_a x_{aj} \right\} \qquad (3\text{-}11)$$

对 值 域 范 围 $\left[\min X_j, \max X_j\right]$ 进 行 N 阶 线 性 量 化，其 量 化 阶 为 $\Delta = \dfrac{\max X_j - \min X_j}{N}$，量 化 后 的 数 据 空 间 集 为 $DSS = \left\{dss_n \mid n = 1, 2, \cdots, N\right\}$，这 里 $dss_n = \left\{x_{ij} \mid x_{ij} \in \left[(n-1)\Delta, n\Delta\right]\right\}$，由 于 是 一 维 空 间，因 此 $x_i = x_{ij}$。如 果 $dss_n \neq \varnothing$，即 dss_n 能 够 表 示 样 本 在 此 量 化 区 间 内 的 概 率 分 布，则 此 时 称 dss_n 为 基 点，可 以 推 出 基 点 集 合 $dss_n S = \left\{dss_n \mid dss_n \neq \varnothing\right\}$。对 于 $\forall dss_n$，其 区 域 内 样 本 是 c_i 类 的 概 率 为

$$p\left(c_j \mid dss_n\right) = \frac{\dagger\left\{i \mid x_i \in dss_n, L(x_i) = c_j\right\}}{\sum\limits_{q=1}^{k} \dagger\left\{i \mid x_i \in dss_n, L(x_i) = c_q\right\}} \tag{3-12}$$

式 中，$\dagger\{\circ\}$ 为 符 合 条 件 的 样 本 个 数；$L(x_i)$ 为 训 练 样 本 x_i 的 类 别 标 签。

令 $p_n\left(c_j\right) = p\left(c_j \mid dss_n\right)$，$p_n = \left\{p_n\left(c_j\right) \mid j = 1, 2, \cdots, k\right\}$，那 么 所 有 基 点 dss_n 对 应 的 类 别 概 率 分 布 集 $P = \left\{p_n \mid n = 1, 2, \cdots, N\right\}$。

由 于 数 据 空 间 集 为 $DSS = \left\{dss_n \mid n = 1, 2, \cdots, N\right\}$，而 基 点 集 合 为 $dss_n S = \left\{dss_n \mid dss_n \neq \varnothing\right\}$，则 可 推 出 $dss_n S \subseteq DSS$。那 么 $\overline{dss_n S} = DSS - dss_n S = \left\{dss_n \mid dss_n \in DSS, dss_n \notin dss_n S\right\} = \left\{dss_n \mid dss_n = \varnothing\right\}$。在 $\overline{dss_n S}$ 中，$dss_n = \varnothing$ 说 明 当 前 点 没 有 类 别 标 签，那 么 称 它 为 非 基 点。非 基 点 的 类 别 分 布 概 率 需 要 通 过 基 点 的 主 动 生 长 来 获 得。

主 动 生 长 通 过 基 点 出 发，向 空 间 中 的 非 基 点 蔓 延，最 终 使 整 个 存 在 于 空 间 的 所 有 点 变 成 基 点。换 个 角 度 来 看，这 是 非 基 点 从 非 空 到 空 的 一 个 过 程。以 非 基 点 出 发 设 计 主 动 生 长 算 法 时，需 要 考 虑 非 基 点 dss_n 的 两 个 领 域 dss_{n-1} 与 dss_{n+1}。它 们 之 间 的 关 系 主 要 有 以 下 几 种：

（1）最 理 想 的 状 态 dss_{n-1} 与 dss_{n+1} 均 为 基 点，那 么 $p_{n-1} \circ p_{n+1} \neq 0$，此 时 的 dss_n 的 生 长 处 理 为 两 个 领 域 dss_{n-1} 与 dss_{n+1} 的 融 合；

（2）dss_{n-1} 与 dss_{n+1} 均 为 非 基 点，那 么 $p_{n-1} + p_{n+1} = 0$ 且 $p_{n-1} \circ p_{n+1} = 0$，此 时 dss_n 不 生 长，则 $p_n = 0$；

（3）dss_{n-1} 与 dss_{n+1} 中 有 任 意 一 个 为 基 点，那 么 $p_{n-1} + p_{n+1} \neq 0$ 且 $p_{n-1} \circ p_{n+1} = 0$，那 么 dss_n 按 照 基 点 域 生 长。

综 上 所 述，对 当 前 非 基 点 dss_n 进 行 一 次 生 长 的 结 果 为

$$p_n = \begin{cases} \dfrac{1}{2}\left(p_{n-1} + p_{n+1}\right) & p_{n-1} \circ p_{n+1} \neq 0 \\ 0 & p_{n-1} + p_{n+1} = 0, p_{n-1} \circ p_{n+1} = 0 \\ p_{n-1} + p_{n+1} & p_{n-1} + p_{n+1} \neq 0, p_{n-1} \circ p_{n+1} = 0 \end{cases} \qquad (3-13)$$

p_n 可以记为

$$p_n = \frac{1}{2}\left|-2 + sign\left|p_{n-1} \circ p_{n+1}\right|\right| \circ \left(p_{n-1} + p_{n+1}\right) \qquad (3-14)$$

主动生长算法的伪代码实现如下：

```
procedure <activeExpansion>
{
        求解非基点集合 dssₙS̄
        while (dssₙS̄ ≠ ∅) do {
        ∀dssₙ ∈ dssₙS̄
        pₙ(cⱼ) = exp ansion(pₙ₋₁, pₙ₊₁)
        pₙ(cⱼ) = exp ansion(pₙ₋₁, pₙ₊₁)
        求解 dssₙS̄  /}
/}
function expansion(x, y)
{ for j: =1 to k
        {
```

$$p(c_j) \leftarrow \frac{1}{2}\left|-2 + sign\left|p_{n-1}(c_j) \circ p_{n+1}(c_j)\right|\right| \circ \left[p_{n-1}(c_j) + p_{n+1}(c_j)\right]$$

```
        /}
```

$$p_n(c_j) \leftarrow \frac{p(c_j)}{\displaystyle\sum_{j=1}^{k} p_n(c_j)}$$

```
        return pₙ(cⱼ)
/}
```

3.4 可视化空间的离散化处理

通过基于三原色的多元图可视化技术能够实现将数据表现为可视空间上的点分

布。如果采用线图来描述，那么类别数据可以表现为可视化空间上的线段分布。通过线的颜色特征指导各属性的离散化处理，在保证分类精度性能的前提下，实现离散化区段的最小化。

数据的可视化离散化操作的步骤可以归纳为以下 3 个步骤。

步骤 1：属性值排序。

对要操作的数据按递增顺序排列，设一原始特征数据 $c = \{x_{1i}, x_{2i}, \cdots, x_{ni}\}$，其值域 $V_c = \{v_c^1, v_c^2, \cdots, v_c^i, \cdots, v_c^n\}$，经排序操作后有 $v_c^1 < v_c^2, \cdots, < v_c^i <, \cdots, < v_c^n$。

步骤 2：求解值域相邻的异类间隔 C_c。

$$C_c = \left\{ \frac{v_c^i + v_c^{i+1}}{2} \mid \Delta_c^i \neq \Delta_c^{i+1} \right\} \tag{3-15}$$

式中，$\Delta_c^i = \{d \in C \mid \exists x \in X_c^i, L(x) = d\}$；$L(x)$ 为样本 x 的类别；$X_c^i = \{x \in c \mid x = v_c^i\}$，它表示数值 v_c^i 的特征集合。

步骤 3：求解量化区间间隔。

如果数据是多维（值域—样本域—特征域）的原始分布，将其投射到二维区间（值域—特征域）时，可能会产生类别的重叠，虽然可以借助可视化技术划分这些重叠类并指导离散化，但是离散化划分太细将会造成属性增多，大大增加了结构分析阶段的计算复杂度，容易导致过量学习而影响知识提炼[146]。

为了解决这种离散化区间划分，在值域—特征域投影平面上进行数据的聚合操作，其思路为设量化区间间隔的最小阈值为 α，如果 $\Delta_c^i < \alpha$，那么可将此量化间隔与它相邻较小的间隔合并，使小的量化阶模糊化，从而产生基于类别分布的大阶段量化。根据 3.4 节的主动生长原理，量化后的区间间隔划分为

$$C_c^i = \begin{cases} C_c^i & \text{if } C_c^{i+1} > \alpha \text{ and } C_c^i > \alpha \\ C_c^{i+1} + C_c^i & \text{else} \end{cases} \tag{3-16}$$

$$\Rightarrow C_c^i = C_c^i - C_c^{i+1} \times sign\left\{ -1 + sign\left[sign\left(C_c^i - \alpha \right) + sign\left(C_c^v - \alpha \right) \right] \right\}$$

3.5　试验分析

为了验证本章算法的合理性与有效性，可通过 UCI 公用数据集进行知识抽取对比试验。拟采用抽取知识的分类精度以及离散化后的二值条件属性数目来分析算法的优劣性。这也是为了衡量在尽可能地满足决策信息系统易操作性与一致性的前

提下，是否满足准确性与简单性。实验的最终目的是，在尽可能得到高的分类精度的前提下，找到尽可能少的离散化区间[147]。

3.5.1　试验数据集选择

本次试验共选择了 3 个公用的 UCI 机器学习数据集（Iris，Glass，Wine）进行对比试验。这些数据来源于生命科学及物理科学领域，能够用于分类算法测试，涉及了 3 类及多类问题、低维和高维问题等。由于这 3 个数据集的特征数以及类别数与富营养化的影响因素、等级类别在数量上接近，此外，Iris 数据特征数与类别数都相对较少，可以检验算法在低维分类器上的分类性能；Glass 数据的特征数与类别数都相对较多，可以检验算法在高维多分类器上的分类性能；而 Wine 数据特征数相对较多，可以检验算法在高维分类器上的分类性能。因此，选择了这 3 个数据集进行理论算法对比试验。表 3-1 总结了这些数据集的样本数、特征数及类别数。

表 3-1　试验数据集

英文名	中文名	领域	样本数	特征数	类别数
Iris	鸢尾花	生命科学	150	4	3
Glass	玻璃	物理科学	214	9	6
Wine	葡萄酒	物理科学	178	13	3

3.5.2　试验过程

整个试验过程按以下 3 个步骤进行。

步骤 1：选择 4 个经典离散化算法（等频离散化、信息熵离散化、自然离散化和布尔推理离散化）与本章算法在 3 个公用数据集上进行对比实验，主要比较分类精度以及离散化后的二值条件属性数目。

本章算法的离散化处理步骤如下：

（1）属性值排序；

（2）求解值域相邻的异类间隔 C_c；

（3）求解量化区间间隔。

步骤 2：计算各离散化算法在 3 个数据集上经离散化处理后的二值属性数目。

步骤 3：分类精度对比。

为了使实验更具有客观性，且由于样本数量不多，因此采用留一法交叉验证。

留一法共有 N 个样本，轮流将每一个样本作为测试样本，其他的 N-1 个样本作为训练样本。这样就得到了 N 个分类器与 N 个测试结果。最后用这 N 个结果的平均值来衡量模型的性能。虽然计算量比较大，但是却是无偏的。

3.5.3　实验结果与分析

本章采用等频离散化、信息熵离散化、自然离散化和布尔推理作为其对比算法，首先分析的是离散化后的二值条件属性数目。从表 3-2 中首先可以看出，本章算法与等频离散化算法在各数据集上的效果大致相同，因为本章算法在离散化处理中采用三原色原理与模糊控制，部分参与了频度计算处理，因此在属性数上大致与等频离散化算法相同。其次，本章算法明显比信息熵离散化算法以及自然离散化算法效果好，因为后两者并未规定离散化后的属性数目，使得如果数据类别分布存在严重混叠时，会导致属性数目急剧增加。而布尔推理离散化不是很稳定，在 Iris 数据集与 Glass 数据集上效果较好，但是在维数较高的 Wine 数据集上效果并不理想。综上所述，本章算法不仅性能优异，而且稳定性较好，泛化能力强。

表 3-2　不同离散化算法后二值属性对比

	Iris	Glass	Wine
等频离散化[146]	12	27	39
信息熵离散化[148]	35	263	150
自然离散化[146]	60	690	723
布尔推理[149]	11	27	722
本章算法	14	36	43

同时采用留一法交叉验证衡量各算法的分类精度，其平均分类精度如图 3-5 所示。从图 3-5 中可以看出，本章离散化算法在 3 个数据集上的精度优于等频离散化算法、信息熵离散化算法及布尔推理离散化算法，因为本算法在可视化过程中通过模糊处理，提高了分类能力，并且还考虑了数据与类别的分布。此外，本章离散化算法虽然在平均分类精度上与自然离散化算法差不多，但是结合表 3-2可以看出后者在属性数目上明显增多。这样会大幅提高计算复杂度，延长计算处理时间。

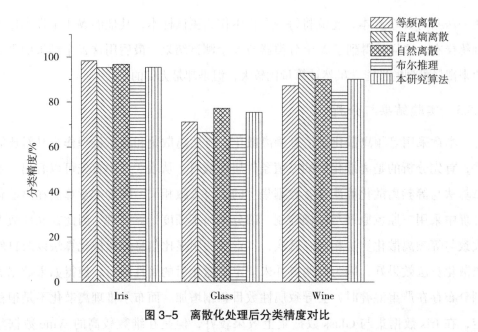

图 3-5　离散化处理后分类精度对比

3.6　本章小结

　　本章首先针对传统离散化算法处理二值对象时存在的直观性较差、离散化后信息有缺失，以及过度离散化造成计算复杂度高等一系列问题，借鉴色彩学中的三原色原理，提出了基于三原色的可视化离散化算法，用以解决传统离散化算法在离散化过程中直观性差、离散化区间多所造成的计算复杂性高的问题。最后，通过在 UCI 公用数据集上进行离散化后属性数目的比较以及分类性能测试后，结果表明该算法不仅实现了稳定、准确的数据离散化，而且表现出了较好的直观性与分类效果。

第4章　不完备并行处理粗糙集模型

4.1　引言

随着科技的发展与自动化水平的提高，各个领域相继出现了复杂且规模庞大的信息系统，这些信息系统中不仅有连续数据、离散数据，甚至还有很多缺失数据，简称混合数据的不完备信息系统[150]。

在对这种混合数据的不完备信息系统进行数据挖掘时，通常会面临两个问题。

（1）怎样以尽可能小的代价获取有用的知识

粗糙集正是以这种不完备信息系统进行知识提取的有力工具，然而在经典粗糙集中满足它的等价关系是非常严格的。此外，经典粗糙集有个假设前提：对已知对象的论域拥有充分知识下才能进行数据处理。它所要求的分类必须是完全可靠或正确的，不正确或不可靠的分类是不能采用该方法解决的。这些严格的要求使得实现过程中代价很大。因此，采取尽可能小的代价获取有用的知识是需要考虑的问题之一。

（2）怎样提高大型知识库中的规则匹配速度

从数据到知识的过程简写概括为：首先是收集数据并整理成易于处理、规范化的决策信息系统，其次选择合适的粗糙集模型进行知识的挖掘，最后得到若干确定或者不确定的产生式规则，并建立相应知识库。如果有新的数据需要知识的提炼，只需将该数据和产生式规则知识库里的规则前件进行一一匹配。这种匹配方式显然是串行处理的，在大规模的知识系统中，这种效率通常会变得很低。因此，如何提高大型知识库中的规则匹配速度也是需要考虑的另一个问题。

针对第一个问题，考虑到经典粗糙集理论是建立在等价关系基础上，而等价关系的特点就是相似性。当人们在区分两个相似对象时，通常不是依靠相似性来区分，而是根据差异性来区分。因此，通过在不完备目标信息系统中定义差异关系对经典粗糙集理论进行理论扩展，更进一步，将变精度思想引入其中，建立了基于不完备目标信息系统差异关系的变精度属性约简算法，用以解决不完备的、带有噪声的大型数据库中的知识发现。

针对第二个问题，有研究表明[151]：过多的规则知识会导致推理速度变慢。影响推理效率的因素主要有规则前件数量、规则库中的规则数量还有规则间的逻辑复杂程度 3 个方面。首先，如果规则前件数量太多，会大幅提高推理系统的解释机制工作时间，从而使推理效率变低；其次，规则库中的规则数量庞大会直接增加匹配规则数量，进而增加推理系统的冲突消解时间、影响推理效率；最后，规则间的逻辑复杂程度和规则数量成反比例关系，规则逻辑关系越简单，规则数量就会很多。例如，M of N 规则采用 if M of $\{x_1, x_2, \cdots, x_n\}$ then y 形式，这种表示实际是 C_n^M 条规则集合，且一般的推理系统不支持 M of N 这样的规则表达形式，因此在实际应用中，还要把一条 M of N 规则解释为 C_n^M 条规则。综上所述，规则库推理效率的高低需要从规则前件因子数量、规则总数量及规则逻辑关系复杂度 3 个方面来考虑。

为了提高知识规则的匹配速度，就规则前件数量与规则总数量这两个方面，可以通过置信度、支持度与覆盖度来过滤掉一些冗余规则、不可靠规则，从而提高匹配速度；而规则逻辑关系复杂度方面，考虑将 Petri 网的并行处理能力引入粗糙集理论中进行扩展，而如何融入进来是接下来的研究。

本章节的具体逻辑结构如图 4-1 所示。

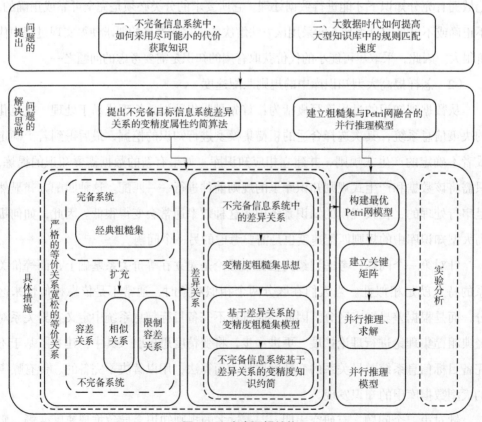

图 4-1　本章逻辑结构

4.2　不完备信息系统中的扩展粗糙集理论模型

经典粗糙集都是以完备的信息系统为研究对象，以等价关系为基础进行不可分辨关系的划分，通过这种划分可以将论域划分成若干个互不相交的等价类。但是，在现实中，由于工作环境恶劣、测量仪器的误差、测量技术手段的限制以及对数据理解的差异等原因，导致研究人员在知识获取时通常会面临许多对象的属性值未知的情况，这种不完备信息在很大程度上限制了粗糙集向实用化方向过渡的发展。因此，对具有数据缺失的不完备信息系统的处理已成为当前粗糙集理论研究的热点内容之一[152]。这就使得对经典粗糙集进行扩展是非常必要的。

将完备信息系统中的经典粗糙集理论扩展到不完备信息系统中，通常有数据补齐法和数据扩充法。数据补齐法通常采用均值替换、热卡填充、回归替换、多重替代等方法对缺失数据进行补齐，实现较为简单，但补齐后的信息表可能会与实际不同，从而改变原有数据的分布特征，导致提取出的规则不准确[153]。而数据扩充法通常是以经典粗糙集为理论基础，然后在不完备系统中进行相应延伸，并且保持原有数据分布特征不变，让其适用于不完备系统。具体来说是在 Pawlak 粗糙集理论上，将原有的二元等价关系弱化为其他二元关系（领域关系、优势关系、容差关系和量化容差关系等）。经典的有，Stefanowski 等提出了基于相似关系与量化容差关系的扩充粗糙集模型；Kryszkiewicz 提出了基于容差关系的扩充粗糙集模型；Polkowski 提出了限制容差关系的扩充粗糙集模型[154]。

4.3　基于差异关系的不完备目标信息系统变精度属性约简算法

经典 Pawlak 粗糙集是在完备系统的前提下建立的，即决策信息系统中的所有值都是已知的，然而在实际应用中，由于数据的测量误差、传输介质的故障以及知识获取的条件限制，人们面临的通常不是完备的信息系统，并且经典 Pawlak 粗糙集不能直接用于不完备的信息系统，因此有必要对经典粗糙集进行扩充。

现实世界中对象之间存在等价关系和差异关系。研究人员在分析具体问题时，通常会侧重某种关系的应用，而忽略了另一种关系。位于两个不同子类的对象可以通过更高层次的概念抽象而划分为同类。而如果要区分具有相似关系的对象，可以通过它们之间的差异来解决。因此，对象间的等价关系与差异关系是一个相对的概念。潘巍[155]与 Zhao 等[156]在二元等价关系的传统粗糙集基础上展开研究，提出了基于差异关系的粗糙集。潘巍等根据不同类事物必然有一定差异的特点，采用差异关系替代传统的等价关系对粗糙集进行扩充。而 Zhao 等深入比较了等价关系与差异关系的异同点，提出了强、弱等价关系与强、弱差异关系，同时研究了等价、差异关系上的约简。Zhao 等虽然在差异粗糙集的理论研究中有较大的突破，但是其研究是建立在一般的信息系统基础之上，而并非目标信息系统，因此，在不完备目标信息系统中研究差异粗糙集理论是本节的研究前提。

4.3.1 目标信息系统

目标信息系统是一种特殊的信息系统[157]，它既有条件属性又有目标属性。条件属性是事物的概念属性，通过概念属性能够与其他对象进行区分，因此条件属性是事物固有属性。目标属性是条件属性值确定的动作与结论，目标属性只有在决策表中才有，其取值一般由专家给定。通过研究条件属性与目标属性的关系，可以发现系统的决策规则。

4.3.2 不完备目标信息系统

信息系统中属性值都是客观存在的，但是实际中由于知识获取的条件限制，某些属性值无法正常获取，导致信息系统不完备[158]。这里的不完备是指条件属性中有少量未知值，而决策属性中不包含未知值的信息系统[159]。

不完备目标信息系统由一个五元组 $ICIS = \langle U, C, D, V, f \rangle$ 组成，其中，U 表示论域，它是一个非空有限对象集合；C 表示条件属性，它也是一个非空有限属性集合，同时 $\forall c \in C : U \to \{V_c \cup *\}$，其中 $*$ 表示条件属性上的未知值，而 V_c 表示条件属性上的已知值；D 为决策属性集合，$C \cap D = \varnothing$，$\forall d \in D : U \to V_d$，其中 V_d 是决策属性 D 的值域；f 为信息函数，$\forall x \in U$，$f(c, x)$ 表示对象 x 在属性 c 上的取值。

4.3.3 不完备目标信息系统中的差异关系

在一个不完备目标信息系统 $ICIS = \langle U, C, D, V, f \rangle$ 中，$C \cap D = \varnothing$，$\forall c \in C$，那么不完备目标信息系统中的差异关系可以定义为

定义 4.1[160]

$$R_c^{*D} = \left\{ (x, y) \in U \times U \mid f(x, c_\chi) \neq f(y, c_\chi) \wedge f(x, c_\chi) \neq * \wedge f(y, c_\chi) \neq *, \exists c_\chi \in c \right\} \quad (4-1)$$

式中，$*$ 为未知属性值；c 为不完备目标信息系统 $ICIS$ 中的任意条件属性子集。

如果两个对象 x、y 在任意一个属性上取值不同，那么可以认为这两个对象处于同一个差异类，则对象 x 属于对象 y 的差异类中或对象 y 属于对象 x 的差异类中，

论域中对象 x 属于属性子集 c 的差异类记作 $[x]_{R_c^{*D}}$：

$$[x]_{R_c^{*D}} = \left\{ y \in U \mid (x, y) \in R_c^{*D} \right\} \qquad (4\text{-}2)$$

通过差异关系 $[x]_{R_c^{*D}}$ 将论域 U 划分为多个子集，记作 U / R_c^{*D}。

定义 4.2　在一个不完备目标信息系统 $\text{ICIS} = \langle U, C, D, V, f \rangle$ 中，$\forall X \subseteq U$，$\forall c \in C$，R_c^{*D} 是基于属性子集 c 的差异关系，那么 X 基于差异关系 R_c^{*D} 的上近似、下近似关系为

$$\overline{R}_c^{*D}(X) = \left\{ x \in U \mid [x]_{R_c^{*D}} \bigcap X \neq \varnothing \right\} \qquad (4\text{-}3)$$

$$\underline{R}_c^{*D}(X) = \left\{ x \in U \mid [x]_{R_c^{*D}} \subseteq X \right\} \qquad (4\text{-}4)$$

如果 $\overline{R}_c^{*D}(X) = \underline{R}_c^{*D}(X)$，那么集合 X 是基于差异关系 R_c^{*D} 的精确集或可定义集；而当 $\overline{R}_c^{*D}(X) \neq \underline{R}_c^{*D}(X)$ 时，那么集合 X 是基于差异关系 R_c^{*D} 的粗糙集或不可定义集。

在差异关系 R_c^{*D} 基础上，集合 X 的负域为

$$\text{NEG}_c^{*D}(X) = U - \overline{R}_c^{*D}(X)$$

正域为

$$\text{POS}_c^{*D}(X) = \underline{R}_c^{*D}(X)$$

则边界域为 $BN_c^{*D}(X) = \overline{R}_c^{*D}(X) - \underline{R}_c^{*D}(X)$。

易知，$\overline{R}_c^{*D}(X) = \text{POS}_c^{*D}(X) \bigcup BN_c^{*D}(X)$。

在一个不完备目标信息系统 $\text{ICIS} = \langle U, C, D, V, f \rangle$ 中，如果条件属性 C 有 n 个，即：$C = \left\{ c_{\chi_1}, c_{\chi_2}, \cdots, c_{\chi_n} \right\}$，目标属性有 1 个，即 $D = \{d\}$。由目标属性可以将论域 U 划分成不同的等价类，那么对象 x 的等价类为 $[x]_{R_d} = \left\{ y \mid f(y, d) = f(x, d) \right\}$，而对象 x 的差异类为 $[x]_{R_d^D} = \left\{ y \mid f(y, d) \neq f(x, d) \right\}$。

定义 4.3　在不完备目标信息系统 $\text{ICIS} = \langle U, C, D, V, f \rangle$ 中，对任意的属性子集 c，R_c^{*D} 是基于属性子集 c 的差异关系，有任意的子集 X_1，$X_2 \subseteq U$，那么：

如果 $\overline{R}_c^{*D}(X_1) = \overline{R}_c^{*D}(X_2)$，那么集合 X_1 与集合 X_2 在差异关系上是上粗相等的，即 $X_1 \simeq_{R_c^{*D}} X_2$；

如果 $\underline{R}_c^{*D}(X_1) = \underline{R}_c^{*D}(X_2)$，那么集合 X_1 与集合 X_2 在差异关系上是下粗相等的，即 $X_1 \approx_{R_c^{*D}} X_2$；

如果 $\overline{R}_c^{*D}(X_1) = \overline{R}_c^{*D}(X_2)$，且 $\underline{R}_c^{*D}(X_1) = \underline{R}_c^{*D}(X_2)$，那么集合 X_1 与集合 X_2 在差异关系是上粗相等的，即 $X_1 \simeq_{R_c^{*D}} X_2$。

4.3.4 基于差异关系的不完备目标信息系统中的变精度约简

本节在不完备目标信息系统中差异关系的约简基础之上，考虑了噪声数据与误差对不完备目标信息系统的影响，提出了基于差异关系的不完备目标信息系统中的变精度粗糙集知识约简算法。

首先给出基于差异关系的不完备目标信息系统约简相关概念。

定义 4.4 在不完备目标信息系统 $\text{ICIS} = \langle U, C, D, V, f \rangle$ 中，对任意的属性子集 c，R_c^{*D} 是属性子集 c 的差异关系，$\exists c_\chi \subset c$，那么：

$\forall [x]_{R_d^D}$，有 $\overline{R}_c^{*D}\left([x]_{R_d^D}\right) = \overline{R}_c^{*D}\left([x]_{R_d^D}\right)$，且 $\overline{R}_{c_\chi}^{*D}\left([x]_{R_d^D}\right) \neq \overline{R}_c^{*D}\left([x]_{R_d^D}\right)$，则称属性子集 c 为不完备目标信息系统中的相对上近似约简。

$\forall [x]_{R_d^D}$，有 $\underline{R}_c^{*D}\left([x]_{R_d^D}\right) = \underline{R}_c^{*D}\left([x]_{R_d^D}\right)$，且 $\underline{R}_{c_\chi}^{*D}\left([x]_{R_d^D}\right) \neq \underline{R}_c^{*D}\left([x]_{R_d^D}\right)$，则称属性子集 c 为不完备目标信息系统中的相对下近似约简。

$\forall [x]_{R_d^D}$，有 $\overline{R}_c^{*D}\left([x]_{R_d^D}\right) = \overline{R}_c^{*D}\left([x]_{R_d^D}\right)$，$\underline{R}_c^{*D}\left([x]_{R_d^D}\right) = \underline{R}_c^{*D}\left([x]_{R_d^D}\right)$，且 $\overline{R}_{c_\chi}^{*D}\left([x]_{R_d^D}\right) \neq \overline{R}_c^{*D}\left([x]_{R_d^D}\right)$，$\underline{R}_{c_\chi}^{*D}\left([x]_{R_d^D}\right) \neq \underline{R}_c^{*D}\left([x]_{R_d^D}\right)$，则称属性子集 c 为不完备目标信息系统中的相对近似约简。

在实际应用中，噪声数据是无法避免的。经典集理论的局限性在于它处理的分类是精确的，它要求分类必须是完全包含或者不包含的关系，而不允许在某种程度上的包含或隶属关系。因此，满足经典粗糙集严格的上、下近似条件是非常困难的。为了解决这个问题，需要有两个前提假设：首先面临的是允许误差与噪声数据的存在，其次是这些数据的存在不会影响数据处理的结果。本章将变精度粗糙集理论引入不完备目标信息系统中差异关系粗糙集上，定义了差异关系上的不完备目标信息系统变精度粗糙集模型，提出了基于差异关系的不完备目标信息系统变精度粗糙集知识约简算法。同时，对参数特性进行了分析，并给出了依赖度与参数范围关系的描述。

定义 4.5 在不完备目标信息系统 $\text{ICIS} = \langle U, C, D, V, f \rangle$ 中，$C \cap D = \varnothing$，D 为决策属性。$\forall c \in C$，R_c^{*D} 是属性子集 c 在论域 U 上的差异关系，而 $[x]_{R_c^{*D}}$ 是包含 x 的差异类。$X_i \in U / [x]_{R_c^{*D}}\left(i = 1, 2, \cdots, \left|U/[x]_{R_c^{*D}}\right|\right)$，$Y_j \in U / [x]_{R_d^{*D}}\left(j = 1, 2, \cdots, \left|U/[x]_{R_d^{*D}}\right|\right)$。对于 $\beta \in (0.5, 1]$ 上的基于差异关系 R_c^{*D} 的 β 下近似与 β 上近似分别记作 $\underline{R}_c^{\beta^{*D}}(x)$

和 $\overline{R_c^{\beta}}^{*D}(x)$：

$$\underline{R_c^{\beta}}^{*D}(x) = \left\{ x \in U \mid F\left[X_i / R_c^{*D}(x)\right] \geqslant \beta \right\} \tag{4-5}$$

$$\overline{R_c^{\beta}}^{*D}(x) = \left\{ x \in U \mid F\left[X_i / R_c^{*D}(x)\right] > 1 - \beta \right\} \tag{4-6}$$

$\underline{R_c^{\beta}}^{*D}$ 与 $\overline{R_c^{\beta}}^{*D}$ 分别称为不完备信息系统中基于差异关系的 β 下、上近似算子。

其中，$F\left(X_i / Y_j\right) = \dfrac{\left|X_i \cap Y_j\right|}{\left|X_i\right|}$。

定义 4.6　在不完备目标信息系统 $\text{ICIS} = \langle U, C, D, V, f \rangle$ 中，$\beta \in (0.5, 1]$，$\forall c \in C$，R_c^{*D} 是属性子集 c 在论域 U 上的差异关系，而 $[x]_{R_c^{*D}}$ 是包含 x 的差异类。$X_i \in U / [x]_{R_c^{*D}}\left(i = 1, 2, \cdots, \left|U / [x]_{R_c^{*D}}\right|\right)$，$Y_j \in U / [x]_{R_d^{*D}}\left(j = 1, 2, \cdots, \left|U / [x]_{R_d^{*D}}\right|\right)$。决策属性 D 相对于条件属性 $c \in C$ 的 β 正区域、β 边界区域以及 β 负区域分别表示为

$$\text{POS}_c^{*\beta}(D) = \bigcup_{Y_j \in U / [x]_{R_d^{*D}}} \underline{R_c^{\beta}}^{*D}(x) \tag{4-7}$$

$$\text{NEG}_c^{*\beta}(D) = U - \bigcup_{Y_j \in U / [x]_{R_d^{*D}}} \overline{R_c^{\beta}}^{*D}(x) \tag{4-8}$$

$$BN_c^{*\beta}(D) = \bigcup_{Y_j \in U / [x]_{R_d^{*D}}} \overline{R_c^{\beta}}^{*D}(x) - \bigcup_{Y_j \in U / [x]_{R_d^{*D}}} \underline{R_c^{\beta}}^{*D}(x) \tag{4-9}$$

定义 4.7　在不完备目标信息系统 $\text{ICIS} = \langle U, C, D, V, f \rangle$ 中，$\beta \in (0.5, 1]$，$\forall c \in C$。决策属性 D 相对于条件属性 $c \in C$ 的 β 依赖度可定义为

$$\gamma_c^{*\beta}(D) = \left|POS_c^{*\beta}(D)\right| / |U| \tag{4-10}$$

定义 4.8　在不完备目标信息系统 $\text{ICIS} = \langle U, C, D, V, f \rangle$ 中，$X_i \in U / [x]_{R_c^{*D}}$ $\left(i = 1, 2, \cdots, \left|U / [x]_{R_c^{*D}}\right|\right)$，$Y_j \in U / [x]_{R_d^{*D}}\left(j = 1, 2, \cdots, \left|U / [x]_{R_d^{*D}}\right|\right)$，那么集合 X_i 相对于 Y_j 的包含度可以定义为

$$F\left(X_i / Y_j\right) = \begin{cases} 0 & |X_i| = 0 \\ \dfrac{\left|X_i \cap Y_j\right|}{\left|X_i\right|} & |X_i| > 0 \end{cases} \tag{4-11}$$

定义 4.9　在不完备目标信息系统 $\text{ICIS} = \langle U, C, D, V, f \rangle$ 中，$X_i \in U / [x]_{R_c^{*D}}$ $\left(i = 1, 2, \cdots, \left|U / [x]_{R_c^{*D}}\right|\right)$，$Y_j \in U / [x]_{R_d^{*D}}\left(j = 1, 2, \cdots, \left|U / [x]_{R_d^{*D}}\right|\right)$，那么集合 X_i 相对于 $U / [x]_{R_d^{*D}}$ 的参数分界点可以定义为

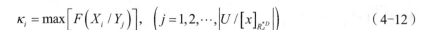

$$\kappa_i = \max\left[F\left(X_i / Y_j\right)\right], \quad \left(j = 1, 2, \cdots, \left|U / [x]_{R_d^{*D}}\right|\right) \tag{4-12}$$

基于差异关系的不完备目标信息系统中的变精度粗糙集知识约简算法步骤如下。

步骤 1 根据定义 4.1 与定义 4.2，计算不完备目标信息系统中的差异关系上的等价划分。

步骤 2 给定 β 的初值，结合定义 4.5、定义 4.6 与定义 4.7，分别计算决策属性 D 相对条件属性集 $c \in C$ 的 β 正区域、β 边界域、β 负区域与 β 依赖度。

步骤 3 令 $\mathrm{Re}d = c$，从条件属性中寻找约简。

步骤 4 从条件属性集合 $c \in C$ 中，依次去掉一个以及多个属性，并计算相应的 β 依赖度，同时判断是否与决策属性 D 相对条件属性集 $c \in C$ 的 β 依赖度相同。

①若 β 依赖度不同，转到步骤 6 处理；

②若 β 依赖度相同，转到步骤 5 处理。

步骤 5 β 依赖度相同说明去掉的属性为冗余属性，令 $\mathrm{Re}d = \mathrm{Re}d - \{c\}$。

步骤 6 β 依赖度不同说明去掉的属性为关键属性，循环结束，输出约简结果 $\mathrm{Re}d$。

4.3.5　实例分析

根据上述基于差异关系的不完备目标信息系统中变精度粗糙集知识约简算法，以一个实例来进行具体分析。表 4-1 为一个不完备目标决策信息系统，其中 $U = \{x_1, x_2, \cdots, x_{12}\}$ 为论域，$C = \{c_1, c_2, c_3, c_4\}$ 为条件属性集合，$D = \{d\}$ 为决策属性，* 为缺失值。

表 4-1　不完备目标决策信息系统实例

U	c_1	c_2	c_3	c_4	D
x_1	*	*	*	1	2
x_2	3	1	2	3	1
x_3	*	*	2	*	1
x_4	0	2	3	2	2
x_5	1	*	2	*	2
x_6	*	1	2	3	2
x_7	3	*	*	3	2
x_8	0	2	3	2	1

U	c_1	c_2	c_3	c_4	D
x_9	*	0	0	*	1
x_{10}	1	2	3	2	1
x_{11}	0	1	2	3	2
x_{12}	1	*	2	*	1

在条件属性集 C 上，结合目标决策属性 $D=\{d\}$，易知此不完备信息系统中的差异关系划分：

$$X_1=\left[x_1\right]_{R_c^{*D}}=\left\{x_2,x_4,x_6,x_7,x_8,x_{10},x_{11}\right\};$$

$$X_2=\left[x_2\right]_{R_c^{*D}}=\left\{x_1,x_4,x_5,x_8,x_9,x_{10},x_{11},x_{12}\right\};$$

$$X_3=\left[x_3\right]_{R_c^{*D}}=\left\{x_4,x_8,x_9,x_{10}\right\};$$

$$X_4=\left[x_4\right]_{R_c^{*D}}=\left\{x_1,x_2,x_3,x_5,x_6,x_7,x_9,x_{10},x_{11},x_{12}\right\};$$

$$X_5=\left[x_5\right]_{R_c^{*D}}=\left\{x_2,x_4,x_7,x_8,x_9,x_{10},x_{11}\right\};$$

$$X_6=\left[x_6\right]_{R_c^{*D}}=\left\{x_1,x_4,x_8,x_9,x_{10}\right\};$$

$$X_7=\left[x_7\right]_{R_c^{*D}}=\left\{x_1,x_4,x_5,x_8,x_{10},x_{11},x_{12}\right\};$$

$$X_8=\left[x_8\right]_{R_c^{*D}}=\left\{x_1,x_2,x_3,x_5,x_6,x_7,x_9,x_{10},x_{11},x_{12}\right\};$$

$$X_9=\left[x_9\right]_{R_c^{*D}}=\left\{x_2,x_3,x_4,x_5,x_6,x_8,x_{10},x_{11},x_{12}\right\};$$

$$X_{10}=\left[x_{10}\right]_{R_c^{*D}}=\left\{x_1,x_2,x_3,x_4,x_5,x_6,x_7,x_8,x_9,x_{11},x_{12}\right\};$$

$$X_{11}=\left[x_{11}\right]_{R_c^{*D}}=\left\{x_1,x_2,x_4,x_5,x_7,x_8,x_9,x_{10},x_{12}\right\};$$

$$X_{12}=\left[x_{12}\right]_{R_c^{*D}}=\left\{x_2,x_4,x_7,x_8,x_9,x_{10},x_{11}\right\};$$

$$U/\left[x\right]_{R_d^{*D}}=\{Y_1,Y_2\}=\left\{\left\{x_2,x_3,x_8,x_9,x_{10},x_{12}\right\},\left\{x_1,x_4,x_5,x_6,x_7,x_{11}\right\}\right\}。$$

同时，可以得到各集合 X 相对于两个决策属性的包含度：

$$F\left(X_1/Y_1\right)=\frac{3}{7},\quad F\left(X_1/Y_2\right)=\frac{4}{7};$$

$$F\left(X_2/Y_1\right)=\frac{1}{2},\quad F\left(X_2/Y_2\right)=\frac{1}{2};$$

$$F\left(X_3 / Y_1\right)=\frac{3}{4}, \quad F\left(X_3 / Y_2\right)=\frac{1}{4};$$

$$F\left(X_4 / Y_1\right)=\frac{1}{2}, \quad F\left(X_4 / Y_2\right)=\frac{1}{2};$$

$$F\left(X_5 / Y_1\right)=\frac{4}{7}, \quad F\left(X_5 / Y_2\right)=\frac{3}{7};$$

$$F\left(X_6 / Y_1\right)=\frac{3}{5}, \quad F\left(X_6 / Y_2\right)=\frac{2}{5};$$

$$F\left(X_7 / Y_1\right)=\frac{3}{7}, \quad F\left(X_7 / Y_2\right)=\frac{4}{7};$$

$$F\left(X_8 / Y_1\right)=\frac{1}{2}, \quad F\left(X_8 / Y_2\right)=\frac{1}{2};$$

$$F\left(X_9 / Y_1\right)=\frac{5}{9}, \quad F\left(X_9 / Y_2\right)=\frac{4}{9};$$

$$F\left(X_{10} / Y_1\right)=\frac{5}{11}, \quad F\left(X_{10} / Y_2\right)=\frac{6}{11};$$

$$F\left(X_{11} / Y_1\right)=\frac{5}{9}, \quad F\left(X_{11} / Y_2\right)=\frac{4}{9};$$

$$F\left(X_{12} / Y_1\right)=\frac{4}{7}, \quad F\left(X_{12} / Y_2\right)=\frac{3}{7} 。$$

因此，可以得出：

X_1 相对于 $U /[x]_{R_d^{*D}}$ 的分界点为 0.571，当 $\beta \in(0.5, 0.571]$ 时，$Y_j\ (j=1,2)$ 相对于 X_1 的 β 下近似 $\underline{R_c^{\beta^{*D}}}\left(X_1\right)=\left\{x_4, x_6, x_7, x_{11}\right\}$；

X_2 相对于 $U /[x]_{R_d^{*D}}$ 的分界点为 0.5，当 $\beta=0.5$ 时，$Y_j\ (j=1,2)$ 相对于 X_2 的 β 下近似 $\underline{R_c^{\beta^{*D}}}\left(X_2\right)=\left\{\left\{x_8, x_9, x_{10}, x_{12}\right\} \vee\left\{x_1, x_4, x_5, x_{11}\right\}\right\}$；

X_3 相对于 $U /[x]_{R_d^{*D}}$ 的分界点为 0.75，当 $\beta \in(0.5, 0.75]$ 时，$Y_j\ (j=1,2)$ 相对于 X_3 的 β 下近似 $\underline{R_c^{\beta^{*D}}}\left(X_3\right)=\left\{x_8, x_9, x_{10}\right\}$；

X_4 相对于 $U /[x]_{R_d^{*D}}$ 的分界点为 0.5，当 $\beta=0.5$ 时，$Y_j\ (j=1,2)$ 相对于 X_4 的 β 下近似 $\underline{R_c^{\beta^{*D}}}\left(X_4\right)=\left\{\left\{x_2, x_3, x_9, x_{10}, x_{12}\right\} \vee\left\{x_1, x_5, x_6, x_7, x_{11}\right\}\right\}$；

X_5 相对于 $U /[x]_{R_d^{*D}}$ 的分界点为 0.571，当 $\beta \in(0.5, 0.571]$ 时，$Y_j\ (j=1,2)$ 相对于 X_5 的 β 下近似 $\underline{R_c^{\beta^{*D}}}\left(X_5\right)=\left\{x_2, x_8, x_9, x_{10}\right\}$；

X_6 相对于 $U/[x]_{R_d^{*D}}$ 的分界点为 0.6，当 $\beta \in (0.5,0.6]$ 时，$Y_j\,(j=1,2)$ 相对于 X_6 的 β 下近似 $\underline{R_c^{\beta}}^{*D}(X_6)=\{x_8,x_9,x_{10}\}$；

X_7 相对于 $U/[x]_{R_d^{*D}}$ 的分界点为 0.571，当 $\beta \in (0.5,0.571]$ 时，$Y_j\,(j=1,2)$ 相对于 X_7 的 β 下近似 $\underline{R_c^{\beta}}^{*D}(X_7)=\{x_1,x_4,x_5,x_{11}\}$；

X_8 相对于 $U/[x]_{R_d^{*D}}$ 的分界点为 0.5，当 $\beta = 0.5$ 时，$Y_j\,(j=1,2)$ 相对于 X_4 的 β 下近似 $\underline{R_c^{\beta}}^{*D}(X_8)=\{\{x_2,x_3,x_9,x_{10},x_{12}\}\vee\{x_1,x_5,x_6,x_7,x_{11}\}\}$；

X_9 相对于 $U/[x]_{R_d^{*D}}$ 的分界点为 0.556，当 $\beta \in (0.5,0.556]$ 时，$Y_j\,(j=1,2)$ 相对于 X_9 的 β 下近似 $\underline{R_c^{\beta}}^{*D}(X_9)=\{x_2,x_3,x_8,x_{10},x_{12}\}$；

X_{10} 相对于 $U/[x]_{R_d^{*D}}$ 的分界点为 0.545，当 $\beta \in (0.5,0.545]$ 时，$Y_j\,(j=1,2)$ 相对于 X_{10} 的 β 下近似 $\underline{R_c^{\beta}}^{*D}(X_{10})=\{x_1,x_4,x_5,x_6,x_7,x_{11}\}$；

X_{11} 相对于 $U/[x]_{R_d^{*D}}$ 的分界点为 0.556，当 $\beta \in (0.5,0.556]$ 时，$Y_j\,(j=1,2)$ 相对于 X_{11} 的 β 下近似 $\underline{R_c^{\beta}}^{*D}(X_{11})=\{x_2,x_8,x_9,x_{10},x_{12}\}$；

X_{12} 相对于 $U/[x]_{R_d^{*D}}$ 的分界点为 0.571，当 $\beta \in (0.5,0.571]$ 时，$Y_j\,(j=1,2)$ 相对于 X_{12} 的 β 下近似 $\underline{R_c^{\beta}}^{*D}(X_{12})=\{x_2,x_8,x_9,x_{10}\}$。

易知：

当 $\beta \in (0.5,0.545]$ 时，$\text{POS}_c^{*\beta}(D)=\bigcup\limits_{Y_j \in U/[x]_{R_d^{*D}}} \underline{R_c^{\beta}}^{*D}(x)=\{x_1,x_4,x_5,x_6,x_7,x_{11}\}$，那么 $\gamma_c^{*\beta}(D)=\dfrac{\left|\text{POS}_c^{*\beta}(D)\right|}{|U|}=\dfrac{1}{2}$；同理，可得 $\beta \in (0.5,0.556]$ 时，$\gamma_c^{*\beta}(D)=\dfrac{\left|\text{POS}_c^{*\beta}(D)\right|}{|U|}=\dfrac{1}{2}$；$\beta \in (0.556,0.571]$ 时，$\gamma_c^{*\beta}(D)=\dfrac{5}{6}$；$\beta \in (0.571,0.75]$ 时，$\gamma_c^{*\beta}(D)=\dfrac{1}{4}$。

在对不完备目标信息系统决策表 4-1 进行差异关系上的变精度粗糙集知识约简处理时，如果 β 的取值不同，那么它们的依赖度也不尽相同，其结果见表 4-2。

表 4-2　不同 β 取值上的依赖度

参数范围	依赖度
$\beta \in (0.5,0.556]$	1/2
$\beta \in (0.556,0.571]$	5/6
$\beta \in (0.571,0.75]$	1/4

由表 4-3 可知,对原决策表中删除一个或多个属性时,β 在不同的分界点时,其依赖度不尽相同。表 4-4 说明参数 β 在变化过程中,约简结果也在发生变化。因此,可以得知,参数 β 的范围不同,从不完备决策信息表中所得到的信息量发生变化,其属性依赖度与约简结果也在发生变化。

表 4-3　各种属性删除策略上的分界点与依赖度

保留属性	分界点								
	0.545	0.556	0.571	0.6	0.625	0.667	0.714	0.75	0.8
$c_1c_2c_3$	1/2	1/2	5/12	5/12	5/12	1/4	1/4	1/4	—
$c_1c_2c_4$	5/6	5/6	1/2	1/2	5/12	—	—	—	—
$c_2c_3c_4$	5/6	5/6	1/3	1/4	1/4	1/4	1/4	1/4	—
$c_1c_3c_4$	1/2	1/2	5/6	1/4	1/4	1/4	1/4	1/4	—
c_1c_2	2/3	2/3	2/3	1/4	5/12	1/4	1/4	1/4	—
c_3c_4	5/6	5/6	1/3	1/4	1/4	1/4	1/4	1/4	—
c_1c_3	1/2	1/2	5/12	5/12	5/12	1/4	1/4	1/4	—
c_2c_4	1/3	1/3	1/3	1/4	1/3	1/3	—	—	—
c_1c_4	1/2	1/2	1/2	1/4	5/12	5/12	5/12	—	—
c_2c_3	5/12	5/12	1/3	1/4	1/4	1/4	1/4	1/4	—
c_1	1/2	1/2	1/2	1/2	—	—	—	—	—
c_2	1/4	1/4	1/4	1/4	1/4	1/4	1/4	1/4	—
c_3	5/12	5/12	1/3	1/4	1/4	1/4	1/4	1/4	—
c_4	1/3	1/3	1/3	1/3	1/3	1/3	1/3	1/3	1/3

表 4-4　不同 β 范围对应的约简结果

参数范围	约简结果
$\beta \in (0.5, 0.556]$	$\{c_1\}$
$\beta \in (0.556, 0.571]$	$\{c_1, c_3, c_4\}$
$\beta \in (0.571, 0.6]$	$\{c_1, c_4\} \vee \{c_2\} \vee \{c_3\}$
$\beta \in (0.6, 0.75]$	$\{c_2\} \vee \{c_3\}$

4.4　不完备信息系统中的并行推理模型

前面章节已对粗糙集与 Petri 网的基本知识做了介绍，但是如何将两种技术进行结合，结合后是否能起到作用，需要进一步讨论。两种方法能否结合在一起应用，要根据其不同的特点来决定，而不是由它们的共同点来确定。

在建立并行处理粗糙集时，由于建模时的各条件属性与决策属性之间的关系通常是错综复杂的，充满了很多不确定因素，因此较难以用确定的数学模型来描述。而粗糙集理论正好能够很好地处理不确定问题。粗糙集能够对决策信息表中的冗余信息进行有效约简，并能进行深度的数据挖掘，从而找到决策表中所隐藏的诸如"if...then..."的规则。它能在不影响分类或决策精度的前提下，降低工作量，减少不确定信息的影响，从而提高决策的准确率。因此这里采用不完备目标信息系统差异关系的变精度知识约简算法对离散化处理后的不完备信息决策表进行知识的约简。随后就是规则的提取与过滤，从大量的规则知识中获取最小的知识规则，用来构建最优的 Petri 网模型，通过 Petri 网的矩阵并行推理运算实现知识的高效提炼。这样粗糙集和 Petri 网的功能就得到了有效结合，也有利于充分发挥各自的优点。不完备系统中的并行推理模型（RSPN 模型）流程如图 4-2 所示。

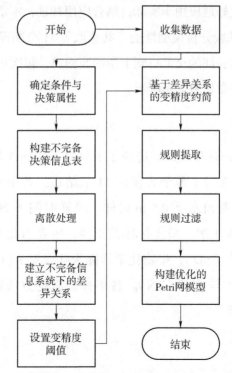

图 4-2　不完备系统中的并行推理模型（RSPN 模型）

4.5 试验分析

近年来,《国务院关于积极推进"互联网+"行动的指导意见》(国发〔2015〕40号)、《水污染防治行动计划》(国发〔2015〕17号)、《促进大数据发展行动纲要》(国发〔2015〕50号)和《生态环境大数据建设总体方案》(环办厅〔2016〕23号)等一系列政策文件指导信息产业与生态环境保护结合发展,已有大量信息技术在水环境领域开展应用。特别是随着大量水质在线监测设备应用于水环境监测,水质监测数据在获取频次、数量和多样性等方面获得极大提升,我国水环境领域已由人工采样监测为主的小数据时代逐渐转向由在线监测为主的大数据时代[161]。针对富营养化评价,国内外学者分别从生态学和信息学的角度提出了众多评价方法与模型[162-167],并且从评价精度上看,效果还不错。但是还存在一些问题,例如,通常需要完备的数据集、过分重视评价精度而忽视了评价效率。大数据时代所面临的是数据的迅猛增长的现象,其中这些数据中还存在大量的噪声、缺失数据的问题。这将会直接导致评价效率的降低。因此,如何在大数据时代构建一个高效的、基于不完备数据的富营养化评价模型是大数据时代下水环境保护亟须解决的关键问题。

为了将理论模型更好地应用于实际,结合应用背景,本章选取典型支流香溪河作为研究区域,通过试验分析模型性能。共选取了11个断面作为富营养分析的持续监测点。从香溪河与长江的交汇口到上游的高阳镇,依次用S1～S11来标记各断面。所有监测断面的分布如图4-3所示。

4.5.1 试验数据选择

为了验证本章算法的有效性,选择了实际领域中一个较大的不完备数据集进行对比试验,这些数据来源于香溪河11个站点。各采样站点的数据通过聚乙烯(PE)瓶在监测断面水下0.5 m采样。采样时间为2015年1月到2016年2月,采样频率为每天1次。采样指标共5种,主要为物理指标与生物化学指标:物理指标为透明度(SD);生物化学指标为叶绿素a(Chla)、高锰酸盐指数(COD_{Mn})、总磷(TP)与总氮(TN)。各指标的测定方法遵循相应的标准和规范,具体如表4-5所示。

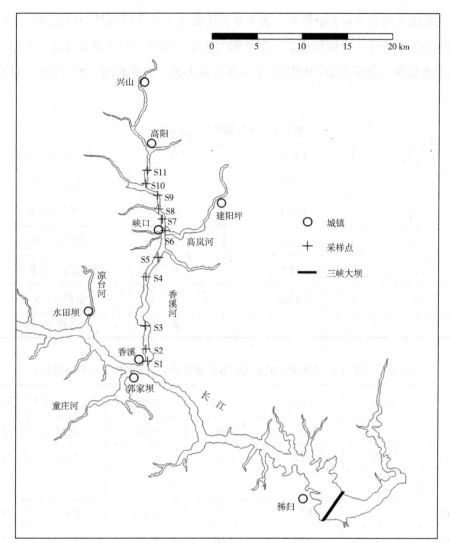

图 4-3　研究区域与研究断面

表 4-5　研究指标、单位与测定方法及相应的标准和规范

指标	单位	测定方法	标准和规范
透明度	m	塞氏盘法	《水和废水监测分析方法（第四版）》（塞氏盘法）
叶绿素 a	mg/L	分光光度法	SL 88—2012
高锰酸盐指数	mg/L	水质　高锰酸盐指数的测定	GB/T 11892—1989
总磷	mg/L	钼酸铵分光光度法	GB/T 11893—1989
总氮	mg/L	碱性过硫酸钾消解紫外分光光度法	GB/T 11894—1989

该数据集共有 4 675 条数据，表 4-6 为决策表中的条件属性与决策属性。以原始数据表为基础建立决策信息表。在早期的数据收集中，由于仪器故障、工作人员未经专业培训，故所采数据中出现了一部分缺失值，并用符号"*"代替，原始数据见表 4-7。

表 4-6　条件属性与决策属性

标签	条件属性（C）	等级	决策属性（D）
c_1	SD	1	贫营养（Ⅰ）
c_2	COD_{Mn}	2	中贫营养（Ⅱ）
c_3	TN	3	中营养（Ⅲ）
c_4	TP	4	中富营养（Ⅳ）
c_5	Chla	5	富营养（Ⅴ）
—	—	6	超富营养（Ⅵ）

表 4-7　香溪河 11 个断面 2015—2016 年富营养化相关数据（仅列举部分）

记录号	c_1/m	c_2/（mg/L）	c_3/（mg/L）	c_4/（mg/L）	c_5/（mg/m³）	等级
1	1	*	0.99	0.012	0.87	3
2	0.36	1.14	0.91	*	0.86	4
⋮	⋮	⋮	⋮	⋮	⋮	⋮
4 673	1.7	2.27	1.73	0.038	108.52	5
4 674	1.1	3.89	1.46	0.047	76.39	5
4 675	2.1	1.58	0.78	0.023	16.87	4

4.5.2　试验过程

4.5.2.1　总体流程

高效的富营养化评价模型建模步骤可以归纳为以下几步。

步骤 1　数据的收集，将数据分为两部分，一部分是训练数据，另一部分是测试数据。

步骤 2　将数据整理为决策表形式。

步骤 3　采用第 3 章的可视离散算法对数据进行离散化。

步骤 4　将基于差异关系的变精度属性约简算法用于不完备决策表的约简处理。

步骤 5　生成规则，采用剪枝策略对规则约简。

步骤 6　建立优化的 Petri 网模型。

步骤 7　通过 Petri 网模型的矩阵运算实现推理、评价。

步骤 8　性能与精度评价。

具体步骤如图 4-4 所示。

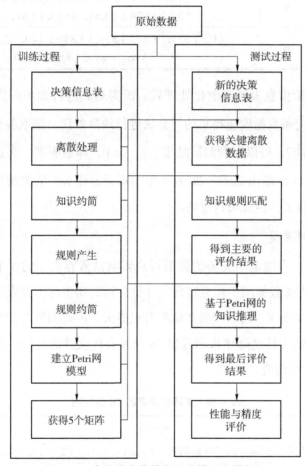

图 4-4　高效的富营养化评价模型建模框架

4.5.2.2　离散化与约简处理

由于在该不完备决策信息表中的所有条件属性都是连续值，为了便于约简处理，将条件属性上的连续值通过第 3 章的可视离散化算法进行处理，表 4-8 为条件属性的离散断点区间。

表 4-8　连续属性离散化

属性	断点数	间断区间
叶绿素 a	6	（0，18.65），（18.65，22.67），（22.67，42.91），（42.91，67.51），（67.51，92.48），（92.48，+∞）
总磷	5	（0，0.043），（0.043，0.075），（0.075，0.083），（0.083，0.104），（0.104，+∞）
总氮	5	（0，1.172），（1.172，1.308），（1.308，1.391），（1.391，1.599），（1.599，+∞）
高锰酸盐指数	6	（0，2.14），（2.14，2.63），（2.63，3.07），（3.07，3.24），（3.24，3.61），（3.61，+∞）
透明度	6	（0，1.57），（1.57，1.83），（1.83，2.14），（2.14，3.06），（3.06，3.88），（3.88，+∞）

此不完备决策信息表经离散化处理后，需要对其进行知识约简，选取本书基于差异关系的不完备变精度粗糙集约简算法进行约简处理，选取参数 β 的值为 0.6，实验平台为 Matlab7，可以得到约简结果 $\{c_1, c_2, c_5\}$，即透明度、高锰酸盐指数、叶绿素 a 为香溪河 11 个断面 2015—2016 年影响富营养化水平的关键指标，而总氮与总磷指标不是很重要，因此可以忽略。

4.5.2.3　Petri 网建模

在 4.5.2.2 节，可以从不完备的数据得到影响富营养水平的 3 个关键属性。在本节将 3 675 条训练数据用于建立富营养评价分析的知识库。首先通过粗糙集产生训练数据的知识规则库。由于规则知识库有点庞大，因此需要对知识库进行规则过滤，因此按规则的支持度降序排列选出 10 条最有代表性的规则。然后，根据这些规则来建立 Petri 网模型。

表 4-9　支持度最高的 10 条规则

规则号	规则集	支持度
1	If 透明度（5）and 高锰酸盐指数（3）and 叶绿素 a（5），then 等级（5）	493
2	If 透明度（2）and 高锰酸盐指数（3）and 叶绿素 a（3），then 等级（3）	444
3	If 透明度（4）and 高锰酸盐指数（3）and 叶绿素 a（2），then 等级（3）	419
4	If 透明度（6）and 高锰酸盐指数（3）and 叶绿素 a（2），then 等级（4）	370
5	If 透明度（*）and 高锰酸盐指数（4）and 叶绿素 a（6），then 等级（5）	312
6	If 透明度（3）and 高锰酸盐指数（3）and 叶绿素 a（5），then 等级（4）	247
7	If 透明度（5）and 高锰酸盐指数（4）and 叶绿素 a（5），then 等级（5）	197

规则号	规则集	支持度
8	If 透明度（4）and 高锰酸盐指数（4）and 叶绿素 a（5），then 等级（5）	186
9	If 透明度（2）and 高锰酸盐指数（*）and 叶绿素 a（2），then 等级（2）	143
10	If 透明度（*）and 高锰酸盐指数（4）and 叶绿素 a（4），then 等级（4）	139

由表 4-9 可知，设置 SD、高锰酸盐指数、Chla 3 个关键属性为 Petri 网的起始输入库所，它们的初始状态分别对应五类、两类与五类。同时设富营养级别为 Petri 网的终态输出库所。当初始输入库所中有取值时，就会获得一托肯，满足条件的变迁被触发，若各个变迁中存在着竞争关系，则默认编号小的变迁获得托肯。当托肯流动到终态库所，评价完成。通过 Petri 网的逻辑与和逻辑并的关系实现富营养化评价，能够得到 Petri 网模型如图 4-5 所示。

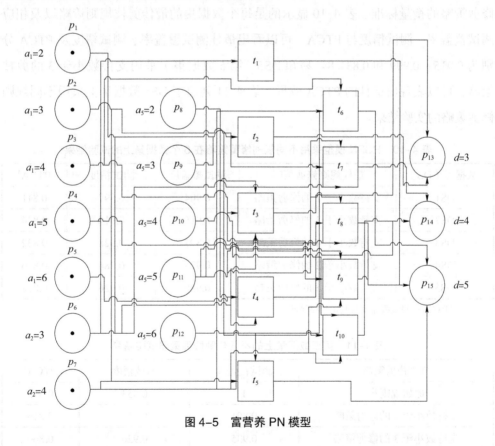

图 4-5　富营养 PN 模型

在图 4-5 中，如果库所 p_3、p_6 与 p_8 都有一个初始托肯，那么就会得到一个如下的初始托肯矩阵：

$$H_0 = [001001010000000]^T$$

根据式（2-10），能够得到如下的 H_1：

$$H_1 = [0100100000]^T \vee (D_{dw} \oplus H_i) \vee \{D^+ \oplus [(D_c^-)^T \otimes [0100100000]^T]\}$$

$$= [001001010000000]^T \vee [000000000000100]^T = [001001010000100]^T$$

这里可以得到富营养水平为中营养。

4.5.2.4　对比试验

将 1 000 条测试数据随机分成 5 个数据集，每个数据集有 200 条数据。同时对每个数据集采用不同的规则修剪策略，这里设定规则的支持度为修剪阈值。当对规则修剪完成后，并行模型也基本完成，其覆盖度与精度也能得到，但是如何衡量它们之间的性能也是一个问题。这里采用 PTCA（测试覆盖度与测试精度乘积）作为修剪策略的衡量标准。表 4-10 显示的是每个数据集的最佳剪枝规则策略以及相应测试覆盖率、测试精度与 PTCA。可以看出最佳测试覆盖率、测试精度及 PTCA 分别为 0.915、0.909 和 0.831 8。易知 DS5（第 5 数据集）采用支持数小于 3 的剪枝策略，可以表现出最佳的 PTCA 效果。表 4-11 列出了 DS5 数据集上采用不同规则修剪策略的实验结果。

表 4-10　RSPN 模型采用不同规则修剪策略在 5 个数据集上的试验结果

数据集（DS）	最佳规则修剪策略	测试覆盖度	测试精度	PTCA[a]
DS1	支持数小于 2 的修剪策略	0.904	0.897	0.811
DS2	支持数小于 3 的修剪策略	0.916	0.910	0.834
DS3	支持数小于 4 的修剪策略	0.897	0.928	0.832
DS4	支持数小于 2 的修剪策略	0.923	0.884	0.816
DS5	支持数小于 3 的修剪策略	0.935	0.926	0.866

注：[a] PTCA：测试覆盖度与测试精度乘积。

表 4-11　第五数据集上的不同规则修剪策略试验结果

规则修剪策略	测试覆盖度	测试精度	PTCA[a]
原始规则集	1	0.853	0.853
支持数小于 2 的修剪策略	0.891	0.916	0.816
支持数小于 3 的修剪策略	0.935	0.926	0.866
支持数小于 4 的修剪策略	0.887	0.932	0.827
支持数小于 5 的修剪策略	0.879	0.924	0.812

注：[a] PTCA：测试覆盖度与测试精度乘积。

4.5.3　试验结果与讨论

3 种经典分类算法，即 CART 算法[168]、ID3 算法[169] 与 C4.5 算法[170] 采用统一的 Matlab7 软件分析相同的水体富营养化数据。表 4-12 给出了 3 种算法的试验结果。表 4-13 总结了 4 种方法的平均测试覆盖度、平均测试精度及 PTCA 值。可以很明显地看出，RSPN 模型在平均测试覆盖率和平均测试精度方面优于其他 3 种算法。

表 4-12　CART、ID3 与 C4.5 算法在 5 个数据集上的试验结果

DS	测试覆盖度	测试精度	PTCA[a]	测试覆盖度	测试精度	PTCA[a]	测试覆盖度	测试精度	PTCA[a]
	CART			ID3			C4.5		
DS1	1	0.71	0.71	0.87	0.66	0.57	1	0.59	0.59
DS2	1	0.68	0.68	0.91	0.61	0.56	1	0.55	0.55
DS3	1	0.69	0.69	0.88	0.58	0.51	1	0.62	0.62
DS4	1	0.62	0.62	0.92	0.54	0.50	1	0.61	0.61
DS5	1	0.64	0.64	0.93	0.57	0.53	1	0.59	0.59

注：[a] PTCA：测试覆盖度与测试精度乘积。

表 4-13　RSPN、CART、ID3 与 C4.5 总体试验结果

	RSPN	CART	ID3	C4.5
平均测试覆盖度	0.915	1	0.902	1
平均测试精度	0.909	0.668	0.592	0.592
PTCA[a]	0.831 8	0.668	0.534	0.592

注：[a] PTCA：测试覆盖度与测试精度乘积。

随后，将 RST、PN 和 RSPN 3 种方法进行了计算总时间效率分析。计算总时间包括产生约简时间，规则产生时间和规则推理时间。图 4-6 显示了这 3 种方法在同一测试数据上进行富营养化分析的计算总时间。可以观察到，随着测试数据的不断增加，RSPN 的计算总时间只有小幅增长，而 PN 和 RST 的计算总时间却迅速增长。

粗糙集（RST）和 Petri 网（PN）的整合（RSPN 模型）对生态、环境分析有着重要的意义[171]。集成模型最重要的特点是知识的降维。PN 是一种高效的建模与分析工具，能够较好地描述系统结构，表示系统中的并行、同步及因果依赖等关系，并能以网图形式简洁、直观地模拟事件系统、分析系统的动态性能[172]。然

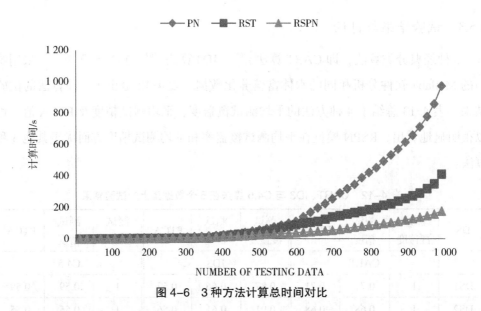

图 4-6　3 种方法计算总时间对比

而，它的并行推理时间消耗与矩阵尺寸相关，两者成正比例关系，当矩阵很大时，PN 的规模也相应变大，造成计算时间上的灾难。其次，它只有规则的知识表达能力与推理能力，完全依赖于先验知识，并没有对知识进一步简化的能力，往往先验知识中存在一定的冗余性，将导致网络规模过于庞大，而影响富营养的因素众多，其特征的获取工作繁重，直接影响推理效率。现在，我国富营养化评价的主流方法是综合营养状态指数法。这种方法虽然简单易用但是代价也较高，通常需要 5 个完整的数据指标。然而，在实际监测中，由于传感器故障、通信传输等问题，往往会造成数据丢失，此时，用综合营养状态指数法就显得有些力不从心。RSPN 模型并不需要所有指标数据，它只需要少量的数据指标，并且不影响评价结果。这点在环境生态领域是非常重要的。在本章的例子中，仅需采集 SD、COD_{Mn} 以及 Chla 数据就可进行富营养化评价，无须手动采集 TN、TP 等营养盐数据。一方面降低了监测成本，另一方面数据的获取难度下降，评价信息的冗余性也相应减少，从而最大限度地节省了人力、物力与财力。

此外，RSPN 模型的重要意义在于其推理效率上[173]。在生态环境监测中，当监测断面比较多，监测频率比较高时，如果出现了通信传输故障，大量的传感器数据会瞬间涌入监测系统，会造成评价系统反应慢或卡死的情况。因此，评价速度慢也是常见的技术瓶颈之一。虽然粗糙集具有知识约简与规则推理的功能，但是当数据量较大时，对规则进行查表匹配的时间将大幅提升。很容易注意到：采用 PN 模型的评价时间是呈指数增长的，RST 的增长也比较快，而 RSPN 模型却近似线性增长。PN 虽然具有强大的并行处理能力，但是不具备数据降维的能力，对付大数据时会显得力不从心，因此时间效率是最差的，而粗糙集面对大规模的规则匹配其查找时间也是非常耗时的。RST 与 PN 在利用规则知识进行推理上具有较强的互补性，可利用粗糙集知识约简和处理不确定信息的能力，对知识实现属性优选，获得最小推理规则，用来建立最优的 Petri 网模型；再利用 Petri 网结构表示图形化、推理搜索快速化、推理过程数学化的特点来实现高效的推理。二者结合建立 RSPN，可以同时克服粗糙集的规则搜索和 PN 的冗余性问题，推理效率高，速度快，使得研究人员从烦琐的数据收集工作中解放出来，把更多的精力放在决策上。

富营养化被公认为是一个严重的水环境问题，造成这种现象的原因有很多。因此，有效的富营养化监测和管理技术是必不可少的。虽然有大量的研究以提高富营养化评价的准确性或效率为研究切入点，但很少有研究试图采用 RST 和 PN 同时解决评价效率与精度问题。在本章中，提出了基于 RST 和 PN 的高效生态评价模型来评价三峡水库香溪河支流 2015—2016 年的富营养状态。

本章的新颖性可以概括如下几点：

（1）考虑 RST 的知识约简能力以及 PN 的并行推理能力，采取互补策略，提出一种在不完备信息系统中基于 RST 和 PN 的水体富营养化综合评价方法。

（2）基于 RST 的知识约简可以有效地压缩知识获取时的输入空间、降低 PN 模型规模，从而有效避免 PN 评价模型的维数灾难问题。

（3）通过 PN 的矩阵运算操作能够实现快速地并行推理，从而克服粗糙集在关键节点的误判及复杂的规则搜索等缺点。

（4）在三峡水库香溪河的应用验证了该模型的有效性与可行性。当有足够的样本数据时，它可以拓展应用到其他领域来解决相应的分类问题。

（5）实证结果表明该模型相比分离出的 PN 和 RST，可以提供更为清晰、高效、准确的信息化结果。因此，高效的生态 RSPN 评价模型可理解为在水体富营养化分析中，是一个很有前途的生态信息学分析方法。

4.6　本章小结

粗糙集建立专家系统知识库后随着知识的不断更新，会面临两个问题：一是如何处理不完备的知识；二是当知识越来越多时，如何进行高效的知识规则匹配、知识获取。

　　本章首先在不完备目标信息系统中定义了差异关系，建立基于差异关系的变精度粗糙集模型，提出相应的知识约简定义和知识约简算法，实现带噪声不完备信息系统中的知识获取。其次分析了传统经典粗糙集在并行处理上的不足，将 Petri 网的矩阵推理引入粗糙集中，构建了并行处理模型，结合不完备信息系统中差异关系的变精度知识约简，建立了不完备并行处理模型。此模型不仅具有良好的泛化与抗噪能力，还能有效降低知识的求解规模、提高推理速度。最后，本章以香溪河2015—2016 年的不完备监测数据为研究对象，以差异关系的变精度粗糙集知识约简算法为理论基础进行知识的约简，并建立相应的不完备信息系统中的并行推理模型，从而实现不完备富营养化信息系统的快速评价。试验表明，该模型易于实现、评价效率高，同时具有一定容错能力。

第 5 章　动态粗糙集分析模型

5.1　引言

　　数据挖掘是目前信息科学里的一个热点研究方向，已在生态环境、医疗卫生、金融投资等领域得以成功应用[174]。随着我国信息化建设的不断推进，其相应的数据信息也随之不断增长，一个难题也随之产生：如何在这些海量的数据挖掘中实现知识的更新？从传统意义上说，数据一般是存储在数据库中，通过对数据库的数据挖掘只能提取出以前时刻或当前时刻的知识。然而，随着时间的变化，数据库中的数据也会随之改变，从原有的数据库中所挖掘出来的知识，已不能反映当前数据库现状，因此，不能正确、及时地指导分类与决策。为了使挖掘出的规则更可靠、稳定，当数据库中的数据发生改变时，就应对其所产生变化的规则做出相应调整，调整的目的就是使新改变的数据能产生相应的新规则。通常，数据挖掘都是从大量的数据中提取出有价值的、有用的信息或人们所感兴趣的知识的一种处理过程。一旦有数据改变时，重新对数据进行挖掘虽然结果是准确的，但是效率却不高，特别是数据频繁改变时，这种挖掘会导致处理速度大幅下降，进而导致性能降低。如何利用已有的信息进行高效、准确的知识更新是目前研究的一个热点问题[175]。

　　人们所面临的问题不仅是动态挖掘，由于客观世界中存在大量不精确的、不完全的信息，或者客观世界也向人脑中呈现出了很多不确定信息，因此，人们还要面临如何处理这些不确定信息的问题。能够很好地处理不确定信息的粗糙集应运而生，它为人们解决不确定问题提供了思路。然而经典粗糙集虽然能实现不确定集合的表达，但其所研究的都是静态集合与静态特性[176]。在现实生活中，很多具体问题经抽象表示为集合状态，集合中的元素、属性都是动态变化的，如果用静态的经典粗糙集理论分析这些动态变化的集合就会出现问题。因此，有必要对经典粗糙集理论进行扩展，使其能够较好地处理动态变化的集合。

　　在具有静态元素处理特征的经典粗糙集基础上进行扩展，使其具有动态处理特征。这种扩展分为 3 个层次：首先，在经典粗糙集中考虑单方向的属性、元素的动态变化，即增加或删除属性、元素，建立单向 S 粗糙集；其次，将单方向的处理扩展成双向处理，即能够同时处理增加或删除的属性、元素；最后，更深层次的研究也是本章创新工作，即考虑元素迁移时的粒度大小以及迁移后的一致性，并且多元素的增加或删除并不是单元素增加或删除操作的简单叠加。因此，将这种迁移分解为单元素的增加、删除与多元素的增加、删除，同时提出相应的动态知识获取算法：SRSTDKAS 与 SRSTDKAM 算法，最后在公用数据集上进行对比试验，分析算法的分类精度与计算时间，从而验证这两种动态算法的优越性与可行性。其具体流程如图 5-1 所示。

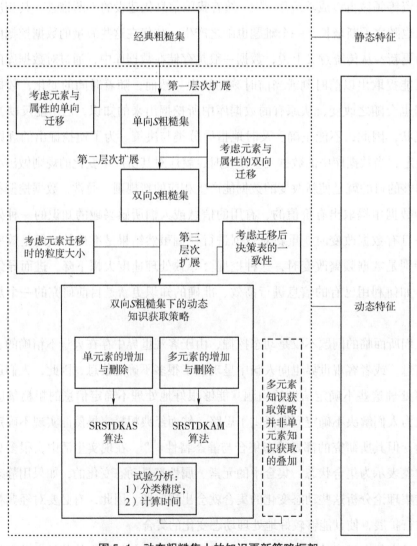

图 5-1 动态粗糙集上的知识更新策略框架

本章的具体逻辑结构如图 5-2 所示。

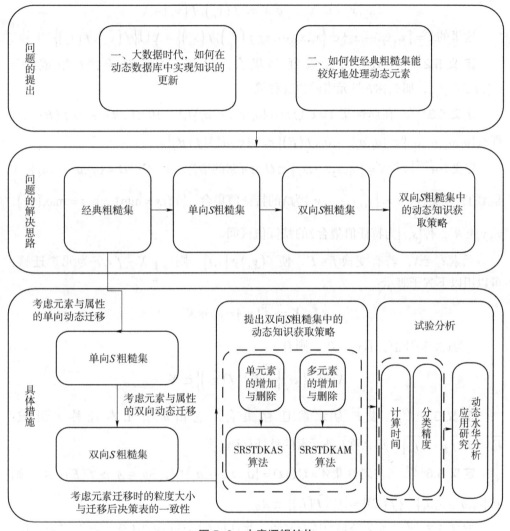

图 5-2　本章逻辑结构

5.2　单向 S 粗糙集

定义 5.1[177]　设 $X = \{x_1, x_2, \cdots, x_n\} \subset U$ 为元素的集合，$A = C \cup D = \{a_1, a_2, \cdots, a_k\} \subset V$ 是 X 的属性集合，$Y = \{y_1, y_2, \cdots, y_n\}$ 为 X 的特征值集合，另有 $s = \min\limits_{i=1}^{n}(y_i)$，$t = \max\limits_{j=1}^{n}(y_j)$，$y_i, y_j \in R^+$，称 $[s, t]$ 为特征值集合 Y 的特征值区间。

$\exists x_p, x_q \in U$，$x_p, x_q \notin X$，有 $y_p, y_q \notin [s, t]$。若有变换 $f \in F$，使 $f(y_p), f(y_q) \in [s, t]$，

那么$x_p, x_q \in X$。称$f \in F$为元素迁移，即

$$x_p, x_q \in U, x_p, x_q \notin X \Rightarrow f(y_p), f(y_q) \in X$$

这里的$X = \{x_1, x_2, \cdots, x_n\} \subset \{x_1, x_2, \cdots, x_n, f(x_p), f(x_q)\} = X \cup \{f(x_p), f(x_q)\}$。

定义 5.2[177] 设F为元素迁移集合，它由n个元素迁移f_i组成：$F = \{f_1, f_2, \cdots, f_n\}$，那么称$F$是元素的内迁移簇。

定义 5.3[177] 在属性集$A = C \cup D = \{a_1, a_2, \cdots, a_k\}$中，$\exists B \in V, B \notin A \Rightarrow f(B) \in A$，则有$\{a_1, a_2, \cdots, a_k\} \subset \{a_1, a_2, \cdots, a_k, f(B)\} \Leftrightarrow A \subset A \cup \{f(B)\}$。

定义 5.4[177] 设$X = \{x_1, x_2, \cdots, x_n\} \subset U$为元素的集合，$A = C \cup D = \{a_1, a_2, \cdots, a_k\} \subset V$是$X$的属性集合，$Y = \{y_1, y_2, \cdots, y_n\}$为$X$的特征值集合，另有$s = \min\limits_{i=1}^{n}(y_i)$，$t = \max\limits_{j=1}^{n}(y_j)$，$y_i, y_j \in R^+$，称$[s, t]$为特征值集合$Y$的特征值区间。

元素$x_\lambda \in X$，若有变换$\overline{f} \in F$，使$\overline{f}(y_\lambda) \notin [s, t]$，则$x_\lambda \notin X$。$\overline{f} \in \overline{F}$为元素迁移，可以用以下式子表示：

$$x_\lambda \in X \Rightarrow \overline{f}(x_\lambda) = u_\lambda \notin X$$

y_λ为x_λ的特征值，且$y_\lambda \in R^+$，则有

$$X - \{\overline{f}(x_\lambda)\} = X / \{\overline{f}(x_\lambda)\} \subset X$$

定义 5.5[177] 设$\overline{F}$为元素迁移集合，它由m个元素迁移$\overline{f_i}$组成：$\overline{F} = \{\overline{f_1}, \overline{f_2}, \cdots, \overline{f_m}\}$，那么称$\overline{F}$是元素的外迁移簇。

定义 5.6[177] 在属性集$A = C \cup D = \{a_1, a_2, \cdots, a_k\}$中，$\exists a_i \in A \Rightarrow \overline{f}(E) \notin A$，则有$\{a_1, a_2, \cdots, a_k\} - \{\overline{f}(E)\} = A \setminus \{\overline{f}(E)\} \subset A$。

定义 5.7[177] 如果论域U是动态的，并且只有一种F或$\overline{F}$迁移，那么$X^* \subset U$为U上的单向奇异集合，即单向 S 集合，其中：

$$X^* = X \cup \{u \mid u \notin X, u \in U, f(u) = x \in X\}$$

有$X^f = \{u \mid u \notin X, u \in U, f(u) = x \in X\}$，其中$X$是经典粗糙集$[\underline{R}(X), \overline{R}(X)]$中集合，$X \subset U$，那么称$X^f$是$X \subset U$的$f$扩张。集合$X$经扩张后，元素增加，$X$转变为$X^*$，$X^*$中元素个数多于$X$中元素个数，即$card(X^*) > card(X)$。

定义 5.8[177] 设X^*为论域U上的单向集合，有$X^* \subset U$，如果满足：$(R, F)^*(X^*) = \cup[x] = \{x \mid x \in U, [x] \cap X^* \neq \varnothing\}$，则称$(R, F)^*(X^*)$为单向 S 粗糙集合$X^*$的上近似。

$(R,F)_* (X^*) = \bigcup [x] = \{x \mid x \in U, [x] \subseteq X^*\}$，则称 $(R,F)_* (X^*)$ 为单向 S 粗糙集合 X^* 的下近似。

其中，内迁移簇 $F \neq \varnothing$。

定义 5.9[177]　设 X^* 是 U 上的单向 S 集合，$X^* \subset U$，X^* 的下近似、上近似分别是 $(R,F)_* (X^*)$ 与 $(R,F)^* (X^*)$，那么称 $\left((R,F)_* (X^*), (R,F)^* (X^*)\right)$ 为 $X^* \subset U$ 的单向 S 粗糙集，称 $B_{nR} (X^*) = (R,F)^* (X^*) - (R,F)_* (X^*)$ 是 $X^* \subset U$ 的 R 边界。

5.3　双向 S 粗糙集

定义 5.10[177]　若 $X^* \subset U$ 为 U 上的双向 S 奇异集合，那么称这个集合为双向 S 集合，同时有 $X^{**} = X' \bigcup \{u \mid u \notin X, u \in U, f(u) = x \in X\}$。

这里的 X' 满足 $X' = X - \{x \mid x \in X, \overline{f}(x) = u \notin X\}$，称 X' 为 $X \subset U$ 的亏集，若有 $X^{\overline{f}} = \{x \mid x \in X, \overline{f}(x) = u \notin X\}$，其中 X 是经典粗糙集 $\left(\underline{R}(X), \overline{R}(X)\right)$ 中集合，$X \subset U$，那么称 $X^{\overline{f}}$ 是 $X \subset U$ 的 $\overline{f}$ 萎缩。集合 X 经删除，元素减少，X 转变为 $X^{\overline{f}}$，$X^{\overline{f}}$ 中元素个数少于 X 中元素个数，即 $card(X) > card\left(X^{\overline{f}}\right)$，通常，$X^{**} \neq X$。具体如图 5-3 所示。

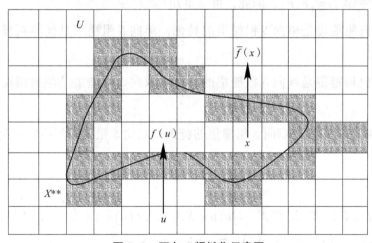

图 5-3　双向 S 粗糙集示意图

定义 5.11[177]　设 X^{**} 为 U 上的双向 S 集合，$X^{**} \subset U$，如果有 $(R, \wp)^* (X^{**}) = \bigcup [x] = \{x \mid x \in U, [x] \bigcap X^{**} \neq \varnothing\}$，那么称 $(R, \wp)^* (X^{**})$ 为双向 S 集合的上近似；如果有 $(R, \wp)_* (X^{**}) = \bigcup [x] = \{x \mid x \in U, [x] \subseteq X^{**}\}$，那么称 $(R, \wp)_* (X^{**})$ 为双向 S 集合的下近似，其中，$\wp = F \bigcup \overline{F}$，$F \neq \varnothing$，$\overline{F} \neq \varnothing$。

定义 5.12[177] 如果 X^{**} 为 U 上的双向 S 集合，$X^{**} \subset U$，$(R, \wp)^*(X^{**})$，$(R, \wp)_*(X^{**})$ 分别是 X^{**} 的上、下近似，那么称 $\left((R, \wp)^*(X^{**}), (R, \wp)_*(X^{**})\right)$ 为 $X^{**} \subset U$ 的双向 S 粗糙集，称 $B_{nR}(X^{**}) = \left((R, \wp)^*(X^{**}) - (R, \wp)_*(X^{**})\right)$ 是 $X^{**} \subset U$ 的 R 边界。

定义 5.13[177] 设 $A_s(X^{**})$ 是 $\left((R, \wp)^*(X^{**}), (R, \wp)_*(X^{**})\right)$ 生成的副集合，并且 $A_s(X^{**})$ 是由具体特征函数值 $-1 < \chi x^{f(u)} < 0$，$0 < \chi x^{f(u)} < 1$ 的元素组成，那么

$$A_s(X^{**}) = \left\{ x \mid u \notin X, u \in U, f(u) = x \tilde{\in} X, x \in X, \overline{f}(x) = u \underset{\sim}{\in} X \right\} \tag{5-1}$$

不难得出以下几个结论。

（1）$X^{**} = X' \bigcup \{u \mid u \notin X, u \in U, f(u) = x \in X\}$ 指 $u \notin X$，$\exists f \in F$ 使 $f(u) = x$，$f(u) = x$ 属于集合 X，使 X^{**} 存在，此时的 X^{**} 具有单向动态特征。

（2）单向 S 粗糙集与双向 S 粗糙集相比于经典粗糙集都是具有动态特征的集合，它们存在着变换 $\wp = \{F, \overline{F}\}$，其中 F 为内迁变换簇，它们能增加知识中的元素，使知识得以扩张，而 $\overline{F}$ 是外迁变换簇，它能减少知识中的元素，使知识发生萎缩。

（3）通常，单向 S 粗糙集中只存在一种内迁变换簇 F，而双向 S 粗糙集同时存在着两种变换簇 $\wp = \{F, \overline{F}\}$，因此，可以得知[178, 179]：

1）经典粗糙集是单向 S 粗糙集的特例，单向 S 粗糙集是经典粗糙集的一般形式；

2）经典粗糙集是双向 S 粗糙集的特例，双向 S 粗糙集是经典粗糙集的一般形式；

3）单向 S 粗糙集是双向 S 粗糙集的特例，双向 S 粗糙集是单向 S 粗糙集的一般形式。

证明 1：

由于 $F \neq \varnothing$，那么在 $X^f = \{u \mid u \notin X, u \in U, f(u) = x \in X\}$ 中，$X^f = \{u \mid u \notin X, u \in U, f(u) = x \in X\} = \varnothing$，$A_s(X^*) = \varnothing$，$X^* = X$

$$\Rightarrow (R, F)^*(X^*) = \bigcup[x] = \{x \mid x \in U, [x] \bigcap X^* \neq \varnothing\}$$
$$= \{x \mid x \in U, [x] \bigcap X \neq \varnothing\} = \bigcup[x] = \overline{R}(X)$$
$$\Rightarrow (R, F)_*(X^*) = \bigcup[x] = \{x \mid x \in U, [x] \subseteq X^*\}$$
$$= \{x \mid x \in U, [x] \subseteq X\} = \bigcup[x] = \underline{R}(X)$$

$$\vee\left(\left(R,F\right)_*\left(X^*\right),\left(R,F\right)^*\left(X^*\right)\right)_{F=\varnothing}=\left(\underline{R}(X),\overline{R}(X)\right)$$

证明 2：

由于 $\wp=\left\{F,\overline{F}\right\}=\varnothing$，易知 $F=\varnothing$，$\overline{F}=\varnothing$

$\Rightarrow$　$X^f=\left\{u\,|\,u\notin X,u\in U,f(u)=x\in X\right\}$　中　的　$X^f=\left\{u\,|\,u\notin X,u\in U,f(u)=x\in X\right\}=\varnothing$

$\Rightarrow$　$X^{\overline{f}}=\left\{x\,|\,x\in X,\overline{f}(x)=u\notin X\right\}$　中　的　$X^{\overline{f}}=\left\{x\,|\,x\in X,\overline{f}(x)=u\notin X\right\}=\varnothing$，$A_s\left(X^{**}\right)=\varnothing$，$X^{**}=X$

$\Rightarrow(R,\wp)^*\left(X^{**}\right)=\cup[x]=\left\{x\,|\,x\in U,[x]\cap X^*\neq\varnothing\right\}$

$=\left\{x\,|\,x\in U,[x]\cap X\neq\varnothing\right\}=\cup[x]=\overline{R}(X)$

$\Rightarrow(R,\wp)_*\left(X^{**}\right)=\cup[x]=\left\{x\,|\,x\in U,[x]\subseteq X^{**}\right\}$

$=\left\{x\,|\,x\in U,[x]\subseteq X\right\}=\cup[x]=\underline{R}(X)$

$\vee\left(\left(R,F\right)_*\left(X^{**}\right),\left(R,F\right)^*\left(X^{**}\right)\right)_{\wp=\varnothing}=\left(\underline{R}(X),\overline{R}(X)\right)$

$\beta=\left\{\beta_1,\beta_2,\cdots,\beta_i\right\}$ 为属性集，$f\in F$ 为元素迁移，β' 为一个属性，若 $\beta'\notin\beta$，$f(\beta')\in\beta$，有 $\beta^f=\left\{\beta_1,\beta_2,\cdots,\beta_i,\alpha\right\}=\beta\cup\left\{\alpha\right\}$，那么称 β^f 为属性集 β 的补充集。相应地，$\beta=\left\{\beta_1,\beta_2,\cdots,\beta_i\right\}$ 为属性集，$\overline{f}\in\overline{F}$ 为元素迁移，$\exists\beta_j\in\beta$，$\overline{f}\left(\beta_j\right)\notin\beta$，有 $\beta^{\overline{f}}=\left\{\beta_1,\beta_2,\cdots,\beta_{j-1},\cdots,\beta_i\right\}=\beta/\left\{\overline{f}\left(\beta_j\right)\right\}$，称 $\beta^{\overline{f}}$ 是对 β 属性集合的删除。

定义 5.14[177]　设具有属性 β^f 的知识为 $[x]_{\beta\cup\{f(\beta')\}}$，$[x]_{\beta}$ 是具有属性 β 的知识，那么可以称前者为后者的一个 f 分解类。$[x]_{\beta}$ 也可以记为 $[x]_{\beta}^f$，它是 f 分解类 $[x]_{\beta\cup\{f(\beta')\}}$ 的分解基。

定义 5.15[177]　设具有属性 $\beta^{\overline{f}}$ 的知识为 $[x]_{\beta\setminus\{\overline{f}(\beta_j)\}}$，$[x]_{\beta}$ 是具有属性 β 的知识，那么可以称前者为后者的一个 $\overline{f}$ 还原类。$[x]_{\beta}$ 也可以记为 $[x]_{\beta}^{\overline{f}}$，它是 $\overline{f}$ 分解类 $[x]_{\beta\setminus\{\overline{f}(\beta_j)\}}$ 的还原基。

属性在内迁时，知识的元素发生外迁。知识 $[x]_{\beta}$ 的 f 分解从 $[x]_{\beta}$ 开始，所有的 f 分解类均是基于 $[x]_{\beta}$ 而来，因此，$[x]_{\beta}$ 是所有分解类的基础；而 $[x]_{\beta}$ 的 $\overline{f}$ 还原从 $[x]_{\beta}$ 开始，所有的 $\overline{f}$ 还原类都是基于 $[x]_{\beta}$ 而来，因此，$[x]_{\beta}$ 是所有还原类的基础[180]。

由此可以看出，知识的属性个数减少时，在经典粗糙集中体现为粒度变粗，而知识就变得粗糙；也就是奇异粗糙集里的属性外迁，基于 R 等价类的元素内迁，相

当于 R 等价类的还原。而当属性个数增加时，在经典粗糙集中体现为粒度变细，而知识就变得精确；也就是奇异粗糙集里的属性内迁，基于 R 等价类的元素外迁，相当于 R 等价类的分解。

定义 5.16[177]　若存在两个任意的 f 分解 $[x]_\beta^f$ 类，它们之间的属性差集满足：

$$\{\{\beta \cup f(\beta')\} \setminus \beta\} \cap \{\{\beta \cup f(\beta'') \setminus \beta\}\} = \varnothing \qquad (5\text{-}2)$$

那么称 $[x]_\beta^f$ 存在有限个 f 分解类。

定义 5.17[177]　设 $[x]_\beta^{\overline{f}}$ 为 $\overline{f}$ 还原类 $[x]_{\beta \setminus \{\overline{f}(\beta_j)\}}$ 的还原基，那么称 $[x]_\beta^{\overline{f}}$ 存在有限个 $\overline{f}$ 还原类。若存在两个任意的 $\overline{f}$ 还原类，它们之间的属性差集 $\beta \setminus \{\overline{f}(\beta_i)\}$，$\beta \setminus \{\overline{f}(\beta_j)\}$ 符合：

$$\{\beta \setminus \{\overline{f}(\beta_j)\}\} \cap \{\beta \setminus \{\overline{f}(\beta_i)\}\} \neq \varnothing \qquad (5\text{-}3)$$

那么就可以得到

$$[x]_{\beta \setminus \{\overline{f}(\beta_i)\}} \cap [x]_{\beta \setminus \{\overline{f}(\beta_j)\}} \neq \varnothing \qquad (5\text{-}4)$$

如果 $[x]_{\beta \cup \{f(\beta')\}}^*$ 是 $[x]_\beta^f$ 的最小 f 分解类，$(\beta^f)^*$ 为 $[x]_{\beta \cup \{f(\beta')\}}^*$ 的属性集，那么 $[x]_{\beta \cup \{f(\beta')\}}^* = \{x\}$，其中 $\beta' \notin \beta$ 并且 $\{x\}$ 中的元素是唯一的。

如果 $[x]_{\beta \setminus \{\overline{f}(\beta_j)\}}^{**}$ 是 $[x]_\beta^{\overline{f}}$ 的最大 $\overline{f}$ 还原类，$(\beta^{\overline{f}})^{**}$ 为 $[x]_{\beta \setminus \{\overline{f}(\beta_j)\}}^{**}$ 的属性集，那么 $[x]_{\beta \setminus \{\overline{f}(\beta_j)\}}^{**} = [x]^{**}$，并且 $(\beta^{\overline{f}})^{**}$ 中的元素是唯一的。当属性集合为最小时，就可得到最大的 $\overline{f}$ 还原类[181]。

5.4　双向 S 粗糙集上的动态知识获取策略

S 粗糙集虽然在传统经典粗糙集的基础上，考虑了元素迁移与动态处理的因素，但是并没有考虑元素迁移时的粒度大小，同时也没有考虑迁移后决策表的一致性问题。决策表中的对象发生动态变化时，会导致原来获取的知识不再符合现在决策表所反映的情况，从而使得知识的分类与决策效果降低。因此，在决策表发生动态变化时，很有必要考虑元素迁移时的粒度大小以及迁移后决策表的一致情况。

若决策表中的元素有删除或增加时，需要对决策表进行动态更新。这种更新可能会面临 3 种情况[182]：

（1）新知识与原来的知识相同；

（2）新知识不在原来的知识中；

（3）新知识与原来的知识矛盾。

第一种情况是理想状况，无须更新。但现实中通常都是第二种或第三种情况，这样会使原来的知识划分失效，即论域在决策属性与条件属性上的划分发生改变，使得近似质量也发生相应改变。由于原来的知识失效，因此需要不断地进行知识的更新。迁移元素可能是一个或多个，有可能是最低粒度级的单个元素迁移，也有可能是较高粒度级的多个元素迁移。由于多个元素的迁移变化并不能简单地等价于多次单元素迁移变化，因此提出了两种基于双向 S 粗糙集的动态知识获取策略；一种是在决策表中增加或删除单个元素时的动态知识获取策略；另一种是在决策表中增加或删除多个元素时的动态知识获取策略。首先考虑的是最低粒度级的单个元素迁移情况。

5.4.1　单元素增加或删除时的动态知识获取

5.4.1.1　单元素删除时近似分类质量

在一个五元组的决策信息系统 $S = (U, C, D, V, f)$ 中，$\exists B \subseteq C$，论域 U 在条件属性子集 B 上的划分 $U / \mathrm{IND}(B) = \{X_1, X_2, \cdots, X_m\}$，$U$ 在决策属性 D 上的划分 $U / \mathrm{IND}(D) = \{d_1, d_2, \cdots, d_n\}$，原始正域 $\mathrm{POS}_B^U(D)$，有单个元素 $\overline{f}(x)$ 从决策表中删除，此元素在条件属性子集 B 有一等价类 $\left[\overline{f}(x)\right]_B$，可能会导致元素 $\overline{f}(x)$ 对应的等价类满足 $\left[\overline{f}(x)\right]_B - \{\overline{f}(x)\} \subseteq \left[\overline{f}(x)\right]_D$，其中 $\left[\overline{f}(x)\right]_D$ 表示决策表中所删除元素在决策属性 D 上的等价类。具体可以分为以下 4 种情况：

（1）$\left|\left[\overline{f}(x)\right]_B\right| \neq 1$ 且 $\left|\left[\overline{f}(x)\right]_D\right| = 1$ 时，有

$$\mathrm{POS}_B^{U - \{\overline{f}(x)\}}(D) = \mathrm{POS}_B^U(D);$$

（2）$\left|\left[\overline{f}(x)\right]_B\right| = 1$ 且 $\left|\left[\overline{f}(x)\right]_D\right| \neq 1$ 时，有

$$\mathrm{POS}_B^{U - \{\overline{f}(x)\}}(D) = \mathrm{POS}_B^U(D) - \{\overline{f}(x)\};$$

（3）$\left|\left[\overline{f}(x)\right]_B\right| \neq 1$ 且 $\left|\left[\overline{f}(x)\right]_D\right| \neq 1$ 时，有

如果$\left(\left[\overline{f(x)}\right]_B' = \left[\overline{f(x)}\right]_B - \left\{\overline{f(x)}\right\}\right) \not\subset D_j(1 \leqslant j \leqslant n)$，有

$$\text{POS}_B^{U-\left\{\overline{f(x)}\right\}}(D) = \text{POS}_B^U(D) - \left\{\overline{f(x)}\right\};$$

如果$\left(\left[\overline{f(x)}\right]_B' = \left[\overline{f(x)}\right]_B - \left\{\overline{f(x)}\right\}\right) \subseteq D_j(1 \leqslant j \leqslant n)$，有

$$\text{POS}_B^{U-\left\{\overline{f(x)}\right\}}(D) = \left\{\left[\overline{f(x)}\right]_B \mid \left[\overline{f(x)}\right]_B \subseteq D_j\right\} \cup \left(\text{POS}_B^U(D) - \left\{\overline{f(x)}\right\}\right);$$

（4）$\left|\left[\overline{f(x)}\right]_B\right| = 1$且$\left|\left[\overline{f(x)}\right]_D\right| = 1$时，有

$$\text{POS}_B^{U-\left\{\overline{f(x)}\right\}}(D) = \text{POS}_B^U(D) - \left\{\overline{f(x)}\right\}。$$

不难看出，单个元素从原始决策表中删除，会导致正区域也发生变化。根据正区域的不同更新情况，可以求出属性子集B相对于决策属性D的近似分类质量：

$$\gamma_B\left(U - \left\{\overline{f(x)}\right\}\right) = \frac{\left|\text{POS}_B^{U-\left\{\overline{f(x)}\right\}}(D)\right|}{\left|U - \left\{\overline{f(x)}\right\}\right|} \tag{5-5}$$

5.4.1.2 单元素增加时近似分类质量

单元素增加时的情况比单元素删除时的情况稍复杂。单元素删除时，其对象对应的等价类在决策属性上是一致的，而如果有新元素$f(x)$增加对决策表时，其形成的等价类有可能是另一种情况，即新元素对应的等价类在决策属性上是不一致的。

在一个五元组的决策信息系统$S = (U, C, D, V, f)$中，$\exists B \subseteq C$，论域U在属性子集B上的划分$U/\text{IND}(B) = \{X_1, X_2, \cdots, X_m\}$，$U$在决策属性$D$上的划分$U/\text{IND}(D) = \{d_1, d_2, \cdots, d_n\}$，原始正域$\text{POS}_B^U(D)$，当有单个元素$f(x)$增加到决策表中时，那么论域$U \cup \{f(x)\}$在属性子集$B$上的划分$(U \cup \{f(x)\})/\text{IND}(B) = \{X_1, X_2, \cdots, X_m, [f(x)]_B\}$，其中$[f(x)]_B = \{f(x)\} \cup X_i$ $(1 \leqslant i \leqslant m) \vee [f(x)]_B = \{f(x)\}$；而论域$U \cup \{f(x)\}$在决策属性$D$上的划分$(U \cup \{f(x)\})/\text{IND}(D) = \{d_1, d_2, \cdots, d_n, [f(x)]_D\}$，其中$[f(x)]_D = \{f(x)\} \cup D_j$ $(1 \leqslant i \leqslant n) \vee [f(x)]_D = \{f(x)\}$，具体可以分为以下4种情况。

（1）当$[f(x)]_B = \{f(x)\} \cup X_i(1 \leqslant i \leqslant m)$，同时满足$[f(x)]_D = \{f(x)\}$时，有

$$\text{POS}_B^{U \cup \{f(x)\}}(D) = \bigcup_{j=1}^n \underline{B}(D_j) - [f(x)]_B = \text{POS}_B^U(D) - [f(x)]_B$$

（2）当$\left[f(x)\right]_B=\{f(x)\}$，同时满足$\left[f(x)\right]_D=\{f(x)\}\cup D_j(1\leqslant j\leqslant n)$时，有

$$\text{POS}_B^{U\cup\{f(x)\}}(D)=\{f(x)\}\cup\bigcup_{j=1}^n\underline{B}(D_j)=\{f(x)\}\cup\text{POS}_B^U(D)$$

（3）当$\left[f(x)\right]_B=\{f(x)\}\cup X_i\,(1\leqslant i\leqslant m)$，同时满足$\left[f(x)\right]_D=\{f(x)\}\cup D_j$ $(1\leqslant j\leqslant n)$时，有

$$\text{POS}_B^{U\cup\{f(x)\}}(D)=\underline{B}\left(\left[f(x)\right]_D\right)\cup\bigcup_{j=1}^n\underline{B}(D_j)$$

其中$\underline{B}\left(\left[f(x)\right]_D\right)$有以下两种情况：

首先，如果新增加的元素$f(x)$形成的等价类在决策属性D上是不一致的，那么

$$\text{POS}_B^{U\cup\{f(x)\}}(D)=\bigcup_{j=1}^n\underline{B}(D_j)-\{f(x)\}=\text{POS}_B^U(D)-\{f(x)\}$$

其次，如果新增加的元素$f(x)$形成的等价类在决策属性D上保持一致，那么

$$\text{POS}_B^{U\cup\{f(x)\}}(D)=\{f(x)\}\cup\bigcup_{j=1}^n\underline{B}(D_j)=\{f(x)\}\cup\text{POS}_B^U(D)$$

（4）当$\left[f(x)\right]_B=\{f(x)\}$，同时满足$\left[f(x)\right]_D=\{f(x)\}$时，有

$$\text{POS}_B^{U\cup\{f(x)\}}(D)=\{f(x)\}\cup\bigcup_{j=1}^n\underline{B}(D_j)=\{f(x)\}\cup\text{POS}_B^U(D)$$

不难看出，单个元素增加到原始决策表中，会导致正区域也发生变化。根据正区域的不同更新情况，可以求出条件属性子集B相对于决策属性D的近似分类质量：

$$\gamma_B\left(U\cup\{f(x)\}\right)=\frac{\left|\text{POS}_B^{U\cup\{f(x)\}}(D)\right|}{\left|U\cup\{f(x)\}\right|} \tag{5-6}$$

5.4.1.3　单元素变化情况下的 S 粗糙集动态知识获取

以上分析都是单个元素在删除或增加时，在原始正域上所进行的局部更新，并非整个决策表本身，因此效率比较高。以下是单个元素在同时删除或增加时的具体算法。

算法 5.1　单元素变化情况下的 S 粗糙集动态知识更新算法（SRSTDKAS）。

输入：决策信息表 $S=(U,C,D,V,f)$，论域 U 在属性子集 B 上的划分 $U/\text{IND}(B)=\{X_1,X_2,\cdots,X_m\}$，增加的新元素记为$f(x)$，删除的元素记为$\overline{f}(x)\in U$，原规则集设置一个更新阈值为 0.1；

输出：新决策表S'上的规则集。

步骤1 将新元素$f(x)$增加到决策表S中，$U^* \leftarrow \{f(x)\} \cup U$。

步骤2 根据新增加元素$f(x)$与$U/\text{IND}(B) = \{X_1, X_2, \cdots, X_m\}$分别更新对应的等价类，得到新的划分$U^*/\text{IND}(B) = \{X_1', X_2', \cdots, X_m'\}$。

步骤3 在新等价类$\{X_1', X_2', \cdots, X_m'\}$的基础上，根据单个元素增加时正域的更新公式，求出新的正域$\text{POS}_B^{U^*}(D)$，并计算相应的近似分类质量$\gamma_B(U^*)$。

步骤4 对于$\forall b \in B$，若$\gamma_B(U^*) = \gamma_{B-\{b\}}(U^*)$，那么$B \leftarrow B - \{b\}$。

步骤5 将单元素$\overline{f}(x)$从原决策表中删除，即$U^{**} \leftarrow U^* - \{\overline{f}(x)\}$。

步骤6 根据删除元素$\{\overline{f}(x)\}$与$U^*/\text{IND}(B)$分别更新相应的等价类$U^{**}/\text{IND}(B) = \{X_1'', X_2'', \cdots, X_m''\}$。

步骤7 在新等价类$\{X_1'', X_2'', \cdots, X_m''\}$的基础上，根据单个元素删除时正域的更新公式，求出新的正域$\text{POS}_B^{U^{**}}(D)$，并计算相应的近似分类质量$\gamma_B(U^{**})$。

步骤8 如果近似分类质量$\gamma_B(U^{**}) \neq \gamma_B(U^*)$，有$\forall b \in (C - B)$，则$Sig(b, B, D) = \gamma_{B \cup \{b\}}(U^{**}) - \gamma_B(U^{**})$，以此求出重要度大的属性加入到约简结果$B'$中。

步骤9 $\gamma_{B'-\{b\}}(U^{**}) \neq \gamma_{B'}(U^{**})$中若存在冗余属性，则删除，进一步得到约简结果$B'$中。

步骤10 求解出$U^{**}/D = \{d_1', d_2', \cdots, d_g'\}$，结合相应的条件属性的等价类$\{X_1'', X_2'', \cdots, X_m''\}$，求出各等价类$X_i''$相对于决策类$D_j'$的置信度$\alpha_{ij}$。

步骤11 有$X_i'' \subseteq U^*/\text{IND}(B)$，$D_j' \subseteq U^*/\text{IND}(D)$的置信度$\alpha_{ij}$，如果此置信度大于阈值，那么$\kappa(x \in X_i) \rightarrow \nu(D_j)$加入到原规则集中，否则做删除处理。如此反复，最终输出新决策表S'的规则集。

此算法首先计算单个元素增加时的正域变化以及近似质量；其次计算单个元素删除时正域的变化以近似质量，并通过约简消除冗余属性；最后，对每个新的等价类求解出相对于决策属性的置信度，并以初步设定的阈值为标准，进行规则过滤，从而获得决策表的新规则集。

此算法通过正域的动态变化来获得新的近似质量，而新的规则集是在原来的规则集上动态更新。这些操作使得无须对变化后的决策表进行重复求解，因此效率得到了提高。

5.4.2 多元素增加或删除时的动态知识获取

如果决策表中有多个元素增加或删除时，可看成是多个单元素原子操作的叠加，这就需要多次执行上述算法，特别是数据量很大时，就会非常耗时，会导致效率低下。因此，有必要对多个元素增加或删除操作建立相应动态知识获取策略，从而提高执行效率。当决策表有多个增加或删除时，其知识更新会出现以下 3 种情况：

（1）新知识与原来的知识相同；

（2）新知识不在原来的知识中；

（3）新知识与原来的知识矛盾。

显然，第一种情况是比较理想的，无须更新知识。但是现实中通常是第二或第三种情况，这样一来，旧的知识失效，就需要对知识进行更新。决策表中有多个元素变化时，其正域也会发生变化，因此需要重新计算分类质量。以下讨论多个元素迁移时，决策表正域变化及近似分类情况。

5.4.2.1　多元素删除时近似分类质量

如果决策表中有多个元素被删除，那么原来不满足正域的元素，经删除操作后可能会满足正域定义了，分类质量就会被改变。以下是对正域变化及近似质量的更新分析：

在一个五元组的决策信息系统 $S=(U,C,D,V,f)$ 中，$\exists B \subseteq C$，论域 U 在属性子集 B 上的划分 $U/\text{IND}(B)=\{X_1, X_2, \cdots, X_m\}$，$U$ 在决策属性 D 上的划分 $U/\text{IND}(D)=\{d_1, d_2, \cdots, d_n\}$，原始正域 $\text{POS}_B^U(D)$，如果决策表中有多个元素 $\overline{F}=\{\overline{f_1}, \overline{f_2}, \cdots, \overline{f_n}\}$ 删除，那么当前决策表中元素集 $(U-\overline{F})/\text{IND}(B)=(X_1', X_2', \cdots, X_i', X_{i+1}, X_{i+2}, \cdots, X_{n'})$，$X_l'=X_l-\overline{F}\,(1 \leqslant l \leqslant i)$，这里的 X_l' 表示变化后的等价类。如果 $X_l' \subseteq D_j\,(1 \leqslant j \leqslant m)$，那么正域 $\text{POS}_B^{U-\overline{F}}(D)=\text{POS}_B^U(D)+\{X_l' \mid X_l' \subseteq D_j\}(1 \leqslant j \leqslant m)-U_d$，从而可以求出条件属性集 B 相对于决策属性 D 的近似质量：

$$\gamma_B\left(U-\overline{F}\right)=\frac{\left|\text{POS}_B^{U-\overline{F}}(D)\right|}{\left|U-\overline{F}\right|} \tag{5-7}$$

5.4.2.2　多元素增加时近似分类质量

当有多个元素 $F=\{f_1, f_2, \cdots, f_m\}$ 增加到决策表时，原有的等价类划分产生变化，从而引起正域变化。因此，以下讨论了多个元素迁移进决策表时，决策表的正域变化及近似分类情况。

在一个五元组组成的决策信息系统 $S = (U, C, D, V, f)$ 中，$\exists B \subseteq C$，论域 U 在属性子集 B 上的划分 $U / \mathrm{IND}(B) = \{X_1, X_2, \cdots, X_m\}$，$U$ 在决策属性 D 上的划分 $U / \mathrm{IND}(D) = \{d_1, d_2, \cdots, d_n\}$，原始正域 $\mathrm{POS}_B^U(D)$，如果决策表中有多个元素 $F = \{f_1, f_2, \cdots, f_m\}$ 迁移进来，先求出 F 在属性集 B 上的划分 $F / \mathrm{IND}(B) = \{B_1, B_2, \cdots, B_{m'}\}$，再求出 F 在决策属性 D 上的划分 $F / \mathrm{IND}(D) = \{d_1, d_2, \cdots, d_{n'}\}$，从而得到元素集 F 在属性集 B 上的正域 $\mathrm{POS}_B^F(D) = \{B_i \mid B_i \subseteq D_j\}$ ($1 \leqslant i \leqslant m'$ $1 \leqslant j \leqslant n'$)。然后对原等价类进行更新看是否满足正域，如果不满足就删除此部分等价类元素。而原论域 U 及新增元素集 F，在条件属性子集 B 上可能是相等的，即 $X_i \bigcup Y_j = X_l'$ ($1 \leqslant i \leqslant m, 1 \leqslant j \leqslant m'$)。由于这些变化后的等价类相对于决策属性可能不再满足正域的定义，即 $\{X_l' \mid X_l' \not\subset D_s, X_l' \not\subset Z_t\}$ ($1 \leqslant s \leqslant n, 1 \leqslant t \leqslant n'$)，因此要从原正域中删除这部分元素集。

多元素迁移进来后，正区域的变化情况为 $\mathrm{POS}_B^{U \cup F}(D) = \mathrm{POS}_B^F(D) \bigcup \mathrm{POS}_B^U(D) - \{X_l' \mid X_l' \not\subset D_s, X_l' \not\subset Z_t\}$ ($1 \leqslant s \leqslant n, 1 \leqslant t \leqslant n'$)，其中 X_l' 表示变化的等价类。由此可以看出，更新后的正域只是对局部变化数据进行了更新，并未对所有数据更新，因此效率比较高。通过正域变化，可以得到条件属性集 B 相对于决策属性 D 的分类质量：

$$\gamma_B(U \cup F) = \frac{\left| \mathrm{POS}_B^{U \cup F}(D) \right|}{|U \cup F|} \tag{5-8}$$

5.4.2.3 多元素变化情况下的 S 粗糙集动态知识获取

以上分析都是多个元素在删除或增加时，在原始正域上所进行的局部更新，并非整个决策表本身，因此效率比较高。以下是多个元素同时删除或增加时的具体算法描述。

算法 5.2 多元素变化情况下的 S 粗糙集动态知识更新算法（SRSTDKAM）。

输入：决策信息表 $S = (U, C, D, V, f)$，论域 U 在属性子集 B 上的划分 $U / \mathrm{IND}(B) = \{X_1, X_2, \cdots, X_m\}$，增加的多个元素记为 $F = \{f_1, f_2, \cdots, f_m\}$，删除的多个元素记为 $\overline{F} = \{\overline{f_1}, \overline{f_2}, \cdots, \overline{f_n}\} \in U$，原规则集设置一个更新阈值为 0.1；

输出：新决策表 S' 上的规则集。

步骤 1　将新元素 $F = \{f_1, f_2, \cdots, f_m\}$ 增加到决策表 S 中，$U^* \leftarrow F \bigcup U$；

步骤 2　根据新增加元素 F 与 $U / \mathrm{IND}(B) = \{X_1, X_2, \cdots, X_m\}$ 分别更新对应的等价类，得到新的划分 $U^* / \mathrm{IND}(B) = \{X_1', X_2', \cdots, X_m'\}$；

步骤 3　在新等价类 $\{X_1', X_2', \cdots, X_m'\}$ 的基础上，根据单个元素增加时正域的更新公式，求出新的正域 $\mathrm{POS}_B^{U^*}(D)$，并计算相应的近似分类质量 $\gamma_B(U^*)$；

步骤 4　对于 $\forall b \in B$，若 $\gamma_B(U^*) = \gamma_{B-\{b\}}(U^*)$，那么 $B \leftarrow B - \{b\}$；

步骤 5　将多元素 $\overline{F} = \{\overline{f_1}, \overline{f_2}, \cdots, \overline{f_n}\}$ 从原决策表中删除，即 $U^{**} \leftarrow U^* - \overline{F}$；

步骤 6　根据删除元素 $\overline{F}$ 与 $U^* / \mathrm{IND}(B)$ 分别更新相应的等价类 $U^{**} / \mathrm{IND}(B) = \{X_1'', X_2'', \cdots, X_m''\}$；

步骤 7　在新等价类 $\{X_1'', X_2'', \cdots, X_m''\}$ 的基础上，根据单个元素删除时正域的更新公式，求出新的正域 $\mathrm{POS}_B^{U^{**}}(D)$，并计算相应的近似分类质量 $\gamma_B(U^{**})$；

步骤 8　如果近似分类质量 $\gamma_B(U^{**}) \neq \gamma_B(U^*)$，有 $\forall b \in (C - B)$，则 $Sig(b, B, D) = \gamma_{B \cup \{b\}}(U^{**}) - \gamma_B(U^{**})$，以此求出重要度大的属性加入到约简结果 B' 中；

步骤 9　对 $\gamma_{B'-\{b\}}(U^{**}) = \gamma_{B'}(U^{**})$ 中存在的冗余属性，进行删除，进一步得到约简结果 B' 中；

步骤 10　求解出 $U^{**} / D = \{d_1', d_2', \cdots, d_g'\}$，结合相应的条件属性的等价类 $\{X_1'', X_2'', \cdots, X_m''\}$，求出各等价类 X_i'' 相对于决策类 D_j' 的置信度 α_{ij}；

步骤 11　有 $X_i'' \subseteq U^* / \mathrm{IND}(B)$，$D_j' \subseteq U^* / \mathrm{IND}(D)$ 的置信度 α_{ij}，如果此置信度大于阈值，那么 $\kappa(x \in X_i) \rightarrow \nu(D_j)$ 加入到原规则集中，否则做删除处理。如此反复，最终输出新决策表 S' 的规则集。

此算法首先计算多个元素增加时的正域变化以及近似质量；其次计算单个元素删除时正域的变化以及近似质量，并通过约简消除冗余属性；最后，对每个新的等价类求解出相对于决策属性的置信度，并以初步设定的阈值为标准，进行规则过滤，以此获得动态决策表的新规则集。

此算法通过正域的动态变化一次性获得新的近似质量，无须将多个元素的动态变化看成单个元素的变化叠加而计算，而新的规则集是在原来的规则集上进行的动态更新。这些操作使得无须对变化后的决策表进行重复求解，因此效率得到了提高。

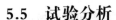

5.5 试验分析

5.5.1 试验数据选择

5.5.1.1 理论分析数据选择

为了验证 SRSTDKAS 算法与 SRSTDKAM 算法的有效性与性能，选择了 UCI 上的 6 个数据集［Iris、Glass、Balance、Yeast、Segment 及 Chess（King-Rook vs. King-Pawn，Kr-vs-Kp）］进行对比实验。这些数据集来源于生命科学、物理科学、社会科学等不同领域，其选取原则为：按样本数递增顺序排列，用以模拟样本数动态增长；类别数不超过 10，且与富营养化级别数（5 或 6）接近。这些数据集都是用于分类测试，这里主要用于验证这两个算法的分类精度以及运行效率。

表 5-1 总结了这些数据集的来源领域、样本数、特征数以及类别数。

表 5-1 UCI 数据库的 6 个数据集

英文名	领域	样本数	特征数	类别数
Iris	生命科学	150	4	3
Glass	物理科学	214	9	6
Balance	社会科学	625	4	3
Yeast	生命科学	1 484	8	10
Segment	N/A	2 310	19	7
Kr-vs-Kp	游戏	3 196	34	6

5.5.1.2 动态水华分析数据选择

富营养化问题与有害藻类水华是全球面临的水域生态环境问题[183]。随着人口的持续增长、城市化进程的不断推进以及工业化程度的逐步提高，大量的污水、生活垃圾排入水体，造成水体中氮、磷营养盐浓度升高[184]，再加上平静的风浪[185, 186]、充足的光照[187]以及较高的水温[188]，浮游植物得以大量生长。当水生态系统中的浮游藻类增长异常迅速时，就会产生"水华"[189]。

三峡水库自 2003 年蓄水以来，由于水环境条件、水动力的变化，多条支流出现不同程度的水华现象，水华频发。2003—2010 年库区典型支流水华暴发见表 5-2。

表 5-2 2003—2010 年三峡库区典型支流水华暴发情况[190]

年份	支流	优势种	备注
2003	大宁河	小球藻、微囊藻	首次暴发水华
2004	抱龙河	微囊藻	—
	大宁河	微囊藻、实球藻、星杆藻、小球藻、多甲藻	
	神女溪	实球藻、甲藻、小球藻	
	香溪河	星杆藻、小环藻	
2005	香溪河	颤藻	大宁河、抱龙河等出现水华
	梅溪河	拟多甲藻	
2006	香溪河、大宁河、草堂河等	微囊藻、隐藻、衣藻、多甲藻、小环藻	由硅藻、甲藻向绿藻、隐藻演变
2007	香溪河、大宁河、澎溪河等	微囊藻、隐藻、空球藻、多甲藻、小环藻	由硅藻、甲藻向蓝藻、绿藻、隐藻演变
2008	香溪河、大宁河、澎溪河等	微囊藻、实球藻、衣藻、多甲藻、小环藻	季节转变明显：春季水华优势种主要为硅藻门、甲藻门，夏季水华优势种绿藻门、蓝藻门
2009	草堂河、大宁河、小江等	微囊藻、束丝藻、隐藻、实球藻、空球藻、多甲藻、小环藻	—
2010	香溪河、大宁河、小江等	微囊藻、束丝藻、衣藻、多甲藻、小环藻	水华主要发生在春、秋季，季节转变明显

水华会导致一系列水质问题，如水体缺氧、鱼类窒息、水体透明度低、有毒藻类物种的生物量增加以及毒害底栖生物等[191]。此外，还很容易导致有毒蓝藻水华暴发，使营养级系统严重失衡，同时在嗅觉与视觉上造成恶劣影响[192]。

水华暴发没有太大的规律，有些是持续几周的季节性事件，有些则是持续几天的非周期性事件，甚至是数小时事件，还有一些是偶然事件[193]。在水华期间，初级生产力能够大幅提高。这种提高直接影响了种群动态以及消费者的能量，并且水华的发生能在很大程度上改变生源要素间的生物地球化学循环，而某些种类的水华还会带来经济影响[194]。因此，水华的动态研究已经成为浮游植物生态学研究的热点。同时，研究季节性水华的动态特征与暴发的原因对水生生态系统的可持续发展与水质管理都有着非常重要的意义[195-197]。

从表 5-2 中可以看出，三峡库区香溪河水华暴发频繁，因此将香溪河作为研究区域进行水华动态研究显得非常有意义。本章对香溪河 2005 年春季水华进行跟踪分析。采样时间为 2005 年 2 月 23 日到 4 月 28 日。采样点为两处：在距香溪河河口约 5 km 处设置 S1 样点，每日在水下 0.5 m 处采样；另外在香溪河库湾上游约 17 km 处设置 S2 样点，对其进行水下 0.5 m 处的隔日采样。根据相关研究成果[198, 199]，S1 采样点主要受长江干流水体影响，特点是呈现较高的氮磷比；而 S2 采样点主要受香溪河上游来水影响，特点是呈现较低的氮磷比。两处采样点位置如图 5-4 所示。

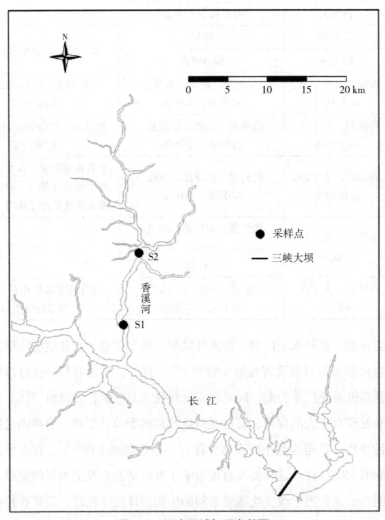

图 5-4 研究区域与研究断面

关于水华发生的临界因素与机理目前还不是十分清楚，水体中氮磷含量和温度、微生物种类、光照条件以及风浪强度等均可影响水华发生[200]。水体富营养化的根本原因是营养物质的增加，一般认为是氮，其次是磷，可能还有碳、微量元素或维生素等[201, 202]。藻类水华暴发的原因一般有生物学机制和非生物学机制两种[203]。生物学机制包括正常和非正常功能的内在因素及化学调节、生理需求、营养竞争、食物链的生态相关性；而非生物学机制包括物理因素、化学因素的驱动作用与抑制作用。水华是人类活动的干扰下，多种因素长期相互作用的结果。除了营养物质，其他影响因子还包括气象因子、地理因子、社会经济及水动力等[204]。水华就是这些因素的综合作用以致湖泊、水库等内陆水体失去原有的自然生态系统结构，破坏了水生生态系统的平衡。发生水华时必然有某些指标出现异常[205]。

总体来说，水华前兆异常受营养盐、水动力、气象条件、化学因素、社会经济条件、地理特征、物理因子、生物群落等影响，其具体指标分类见表 5-3。

表 5-3 水华前兆异常分类

序号	影响因素	具体指标
A	营养盐	总氮（TN）、总磷（TP）、可溶性硅（Si）、可溶性无机氮（DIN）、可溶性磷酸盐（PO_4-P）、可溶性有机碳（DOC）、总有机碳（TOC）
B	水动力	流速（FV）、换水周期（WEC）、水位（WL）、水位振幅（WLM）、径流（RO）
C	气象条件	风向（WD）、风速（WV）、光照强度（IL）、降水量（P）、平均气温（AT）、蒸发量（EC）、日照时数（SR）
D	化学因素	溶解氧（DO）、pH、化学需氧量（COD）、电导率（EC）
E	社会经济条件	GDP、人口密度（PD）、土地利用类型（LUT）
F	地理特征	深度（DP）、高度（AL）、面积（AR）
G	物理因子	透明度（SD）、水温（WT）
H	生物群落	叶绿素 a（Chla）、硅藻、甲藻、蓝藻、隐藻、绿藻、裸藻、金藻

在本章中，所需要的指标主要有 pH、溶解氧（DO）、水温（WT）、总氮（TN）、总磷（TP）、可溶性硅（Si）、可溶性磷酸盐（PO_4-P）、可溶性无机氮（DIN=NH_3-N+NO_2-N+NO_3-N）、总有机碳（TOC）、可溶性有机碳（DOC）、平均气温（AT）、24 h 降水量（20 时至次日 20 时）（P20-20）、最小蒸发量（SE）、最大蒸发量（LE）、平均风速（AWV）、最大风速（HWV）、最大风速风向（WDHWV）、极大风速（EWV）、极大风速风向（WDEWV），以及日照时数（SR）、水位（WL）、藻类叶绿素 a（Chla）、硅藻、甲藻、蓝藻、隐藻、绿藻、裸藻、金藻。

采样与藻类计数方法：藻类采用显微镜分类法[206]来计数。关于浮游植物种类的鉴定参照《中国淡水藻类》[207]。

物理、化学、生物指标测定方法：通过 SL1000 便携式多参数分析仪（Hash, America）现场测定 pH、DO 与 WT；通过水平 Beta^{TM} Van Dorn 采样器（Wildco, America）进行水下 0.5 m 处浅层采样，由手动真空泵过滤 400～500 mL 水样并将滤膜放入 2 mL 的离心管，通过冰盒保存带回实验室分析。样品根据 Skalar SAN^{++}（Skalar, Netherlands）使用手册进行保存与分析，TN、TP、可溶性硅（Si）、可溶性磷酸盐（PO_4-P）、NH_3-N、NO_2-N 与 NO_3-N 通过连续流动分析仪（Skalar, Netherlands）分析。在现场将 TOC 与 DOC 加 H_2SO_4 酸化至 pH<2，再通过岛津公司 TOC-VCPH 总有机碳分析仪进行分析。由于采样水体中的无机碳浓度比较高，因此采用 NPOC 的方法测定 TOC，即通过曝气 5 min 除尽酸性水样中的无机碳，再测定总碳的含量得到水样 TOC 的浓度。DOC 先通过预先处理过的 WaterMan GF/F 滤膜过滤，再按照 TOC 的方法测定，得到水样 DOC 的浓度。

气象数据：收集了香溪河 2005 年 2 月 23 日至 4 月 28 日，两个采样点的 AT、24 h 降水量（20 时至次日 20 时）（P20-20）、SE、LE、AWV、HWV、WDHWV、EWV、WDEWV 及 SR 等指标。这些气象数据来源于中国气象数据网（http：//data.cma.cn/site/index.html）。

WL 数据来源于中国长江三峡集团公司（http：//www.ctgpc.com.cn/）。

5.5.2　试验过程

整个试验过程由两大部分组成：第一部分通过 UCI 数据集的测试试验，对比分析 SRSTDKAS 算法、SRSTDKAM 算法与其他方法的性能；第二部分分析本章方法在动态水华分析中的应用效果。

对于第一部分的理论方法的对比试验，分为以下步骤进行。

步骤一　数据集的预处理。

由于本章算法只能处理离散值，而以上 Iris、Glass、Yeast 等数据集条件属性上绝大部分为连续值，因此，需要采用离散化算法对连续值进行预处理。这些非离散值通过第 3 章可视离散化算法进行离散化处理。

步骤二　数据集抽取策略。

将每个数据集分成 3 个部分，随机选择 50% 的数据作为原始数据，20% 的数据作为增加数据，增加的同时删除 20% 的数据，其他 30% 的数据为测试数据。

步骤三　验证测试。

选择 SRSTDKAS 算法和 SRSTDKAM 算法，同时选择朴素贝叶斯分类算法

（NB）与 C4.5 决策树算法分别对相同的数据集进行对比试验的知识获取。并从分类精度与运行时间两方面进行分析，试验次数均采用 10 次，其最终分类精度与运行时间取每个数据集上 10 次试验的平均值。

（1）分类精度对比试验

为了验证 SRSTDKAS 算法与 SRSTDKAM 算法的分类性能，分别从 6 个数据集中随机抽取 30% 的数据作测试集进行 10 次重复测试。由于 SRSTDKAS 算法与 SRSTDKAM 算法都是基于近似分类质量的知识获取方法，它们的分类性能是一样的。因此，采用 SRSTDKAS 算法与朴素贝叶斯分类算法（NB）、C4.5 决策树算法进行分类精度的对比试验分析。

（2）运行时间对比试验

随机抽取 50% 的数据作原始数据集，分别随机抽取 20% 的数据集作为增加或删除数据集，将这些增加或删除数据集分为 10 份，重复进行 10 次试验，即第 1 次动态变化数据为增加 2% 数据的同时删除 2% 原始数据。第 2 次动态增加 4% 数据的同时删除 4% 原始数据。直到最后一次增加 10% 数据的同时删除 10% 原始数据，并记录每次试验的计算时间。试验环境为 Intel（R）Core（TM）i7-6700 CPU @ 3.4 GHz，内存 16 G，通过 Matlab 编程语言实现。

对于第二部分的动态水华分析应用试验，分为以下步骤。

首先，通过两次水华期间各种与水华相关的指标之间的趋势变化发现其存在水华前兆差异以区域差异。

其次，由于叶绿素 a 是浮游植物现存量的重要指标，是研究水体富营养化的主要手段和指标。因此，通过相关性分析找到影响水华前兆差异，以及区域差异的最显著元素。

最后，利用奇异粗糙集的动态迁移特性结合水华前兆差异、异常区域差异中显著的元素，将基于双向 S 粗糙集的 SRSTDKAM 算法（图 5-5）用来发现水华前兆异常，利用此法能动态确定出各区域主要的水华前兆异常。

5.5.3　试验结果与讨论

5.5.3.1　理论算法性能分析

（1）分类精度对比试验

表 5-4 为 SRSTDKAS 算法与朴素贝叶斯分类算法（NB）、C4.5 决策树算法在分类精度上的对比试验结果。

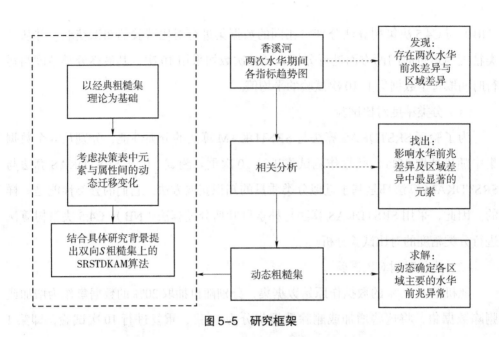

图 5-5 研究框架

表 5-4 SRSTDKAS 算法与 NB、C4.5 分类精度对比   单位：%

数据集	分类精度		
	SRSTDKAS	NB	C4.5
Iris	82.22 ± 2.12	80.00 ± 2.28	77.78 ± 2.44
Glass	85.94 ± 0.63	84.38 ± 0.68	82.81 ± 0.76
Balance	89.89 ± 0.46	87.77 ± 0.51	86.70 ± 0.57
Yeast	71.91 ± 1.41	73.03 ± 1.39	70.79 ± 1.45
Segment	86.58 ± 0.61	82.25 ± 0.88	83.69 ± 0.78
Kr-vs-Kp	87.59 ± 0.58	83.42 ± 0.84	84.98 ± 0.69
平均精度	84.02 ± 0.97	80.62 ± 1.10	81.13 ± 1.12

从表 5-4 中可以看出，3 种知识获取算法在分类精度上差异不是很明显，SRSTDKAS 算法与 C4.5 算法的平均分类精度分别为 84.02% 和 81.13%，SRSTDKAS 算法在平均分类精度上优于 C4.5 算法。NB 算法的平均精度为 80.62%，略低于 SRSTDKAS 算法与 C4.5 算法。其原因可能是，属性间的相关性较大或者属性个数比较多，会影响 NB 算法的分类效率。

本章在经典粗糙集理论的基础上，分析了传统经典粗糙集在动态处理上的不足，考虑元素与属性间的迁移与动态变化，在静态论域上拓展了双向迁移簇。同时，考虑了元素迁移时的粒度大小，并且多个对象的动态变化并非单个对象的动态变化的累积。因此，采用两种动态知识获取策略进行动态扩展，将迁移簇细化为多元素与单元素，设计了相应的 SRSTDKAS 算法与 SRSTDKAM 算法，并通过对比试验验证了其优越性与可行性。

（2）运行时间对比试验

SRSTDKAS 算法、SRSTDKAM 算法、朴素贝叶斯分类算法（NB）与 C4.5 决策树算法这 4 种知识获取算法在各个数据集上的运行时间情况如图 5-6 所示。

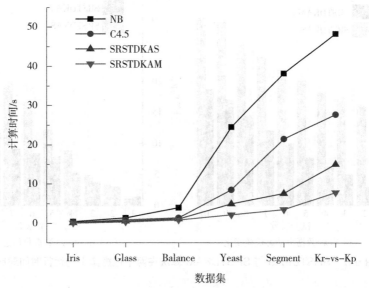

图 5-6　4 种算法运行时间对比

从图 5-6 中可以看出，随着原始数据集（50%）规模的不断增加，4 种算法的运行时间也相应增加。SRSTDKAS 算法与 SRSTDKAM 算法运行时间比 NB、C4.5 算法时间短，因为 NB 与 C4.5 把动态变化的数据集看作新的数据集，并重新计算，故没有利用之前的知识，而 SRSTDKAS 与 SRSTDKAM 可以快速地实现知识的动态更新。此外，C4.5 的运行时间虽然不及 SRSTDKAS 与 SRSTDKAM，但却优于 NB，因为它无须经多次迭代来训练分类模型。例如，在第 5 个数据集 Segment 上，SRSTDKAS 与 SRSTDKAM 算法对动态知识的更新所消耗的平均时间分别为 7.59 s 与 3.48 s，而通过 NB 与 C4.5 算法的平均时间分别为 38.19 s 与 21.47 s。因此，SRSTDKAS 与 SRSTDKAM 算法在平均运行时间上比 NB、C4.5 算法更快。

为更进一步深入比较 SRSTDKAS 与 SRSTDKAM 算法的运行时间，从表 5-1 中分别选取 Yeast 与 Kr-vs-Kp 两个数据集进行比较分析。

图 5-7 是 SRSTDKAS 与 SRSTDKAM 两种算法在 Yeast 与 Kr-vs-Kp 两个数据集上的运行时间对比，其中横轴上的数字代表第几次试验。从图 5-7 易知，

SRSTDKAM 算法比 SRSTDKAS 算法的运行时间少得多，因为 SRSTDKAM 算法的研究对象为多个对象，它能对这些对象的动态变化进行一次性的知识提炼，而 SRSTDKAS 算法是将多个对象的动态变化视为单个对象的累积变化之和，因此需要耗费较多的时间进行重复计算才能动态更新知识。

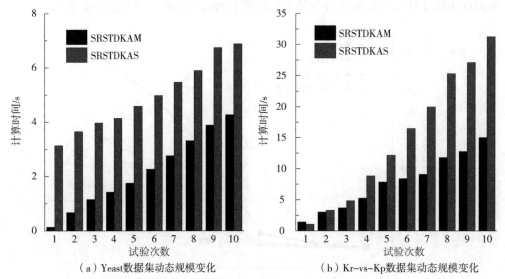

（a）Yeast数据集动态规模变化　　　　（b）Kr-vs-Kp数据集动态规模变化

图 5-7　SRSTDKAS 与 SRSTDKAM 算法在两个数据集上的运行时间对比

通过以上 4 种动态知识获取算法在分类精度与运行时间上的比较分析结果，可以看出 SRSTDKAM 算法与 SRSTDKAS 算法在保证良好分类性能的前提下，获取知识的时间优于 NB 算法与 C4.5 算法。更进一步来说，SRSTDKAM 算法运行时间优于 SRSTDKAS 算法。从以上试验可以看出，双向 S 粗糙集上的 SRSTDKAM 算法与 SRSTDKAS 算法是有效可行的。

5.5.3.2　动态水华分析应用

（1）动态指标特征

图 5-8～图 5-14 为研究区域在水华监测时期各指标的变化情况，这些指标有营养盐、藻类密度、化学因子、水动力、气象条件等。其中图 5-8（a）为可溶性硅（Si），图 5-8（b）为 DIN 与 TN，图 5-8（c）为可溶性磷酸盐（PO_4-P）与 TP，图 5-8（d）为 DOC 与 TOC。

随着时间的推移，采样点 S1 与 S2 断面的可溶性硅（Si）呈显著下降趋势，采样点 S1 较采样点 S2 明显［图 5-8（a）］。采样点 S1 的 Si 变化幅度为 0.05～3.20 mg/L，其最低值出现在 4 月 14 日，采样点 S2 的 Si 变化幅度为 0.35～2.67 mg/L，其最低值出现在 4 月 20 日。

从图 5-8（b）中可以看出，位于采样点 S1 处的 DIN 浓度值显著高于采样点 S2 处的 DIN 值。TN 与 DIN 在两个采样上呈现相似的分布规律。DIN 与 TN 在采样点 S2 的第二次水华后期有显著的消耗。DIN 于 4 月 28 日出现最低值，为 0.06 mg/L。而 TN 在 4 月 26 日出现最低值，为 0.29 mg/L。

从图 5-8（c）中明显可以看出，采样点 S2 处具有较高的可溶性磷酸盐（PO_4-P），而采样点 S1 处的 PO_4-P 值较低。两处采样点的 PO_4-P 值动态变化趋势差异较大。采样点 S1 处与 S2 处 PO_4-P 值的变化幅度分别为 0.05～0.16 mg/L 和 0.08～0.42 mg/L。采样点 S1 处的 TP 变化幅度为 0.07～0.22 mg/L，均值为 0.14 mg/L，而采样点 S2 处的 TP 变化幅度为 0.16～0.47 mg/L，均值为 0.29 mg/L，两处的 CV 分别为 23.95% 与 27.14%。

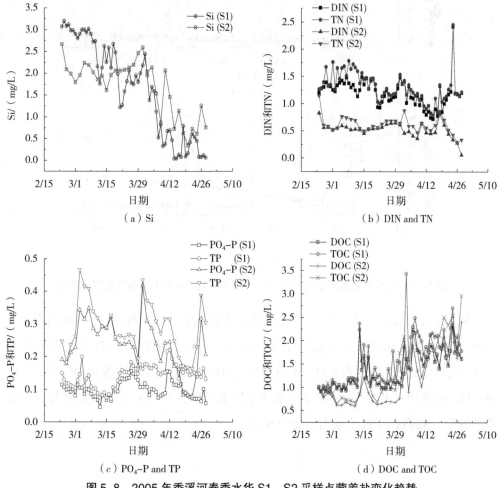

图 5-8　2005 年香溪河春季水华 S1、S2 采样点营养盐变化趋势

图 5-8（d）展示了第一次水华期间采样点 S1 有着较高的 DOC，而采样点 S2 有着较低的 DOC，但是到了第二次水华期间，情况却明显不同，原来 DOC 浓度不高的 S2 点，其 DOC 值大幅升高，使得在此期间 S2 处的 DOC 值高于 S1 处的 DOC 值。TOC 的变化趋势与 DOC 相似。

从香溪河春季水华期间各个采样点的藻类组成变化趋势来看（图 5-9），硅藻在采样点 S1 与 S2 的动态变化差异明显。S1 点在监测后期其硅藻数量呈急剧下降趋势。通过硅藻的动态变化可以看出采样点 S2 在春季水华期间有两次峰值：第一次发生在 3 月 17 日，第二次发生在 4 月 16 日。相比于硅藻的变化，其他 4 种藻类的密度变化趋势不明显。

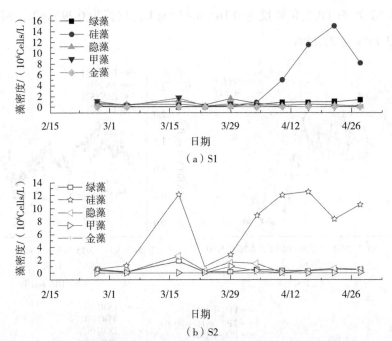

图 5-9　2005 年香溪河春季水华 S1、S2 采样点不同种类藻类密度变化趋势

从图 5-10（a）中可以看出，pH 的波动比较频繁，在采样点 S1 的波动范围为 7.86～9.24，而在采样点 S2 的波动范围为 8.35～9.49。两处样点 pH 分别为 8.57 和 8.83，其对应的 CV 分别为 4.51% 和 3.95%。由图 5-10（b）可以发现 DO 有以下规律：DO 在采样点 S1、S2 处的春季水华早期监测中无明显差异，但是随着春季水华的发生，S2 处的 DO 浓度明显高于 S1 处。

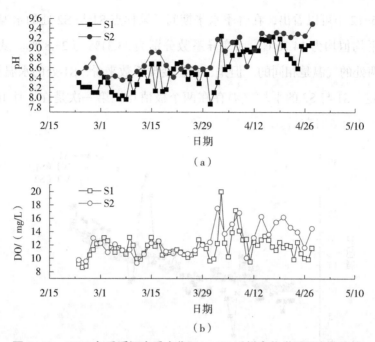

图 5-10　2005 年香溪河春季水华 S1、S2 采样点化学因子变化趋势

本章中，WL 与 SR 分别属于水动力与天气因素。从图 5-11（a）中可以看出 WL 总体呈下降的趋势，在 4 月 16 日达到最低水位 137.88 m。而日照时数波动比较明显［图 5-10（b）］，变化范围在 0～114（0.1h），其变异系数与均值分别为 85.07% 与 48.58（0.1 h）。

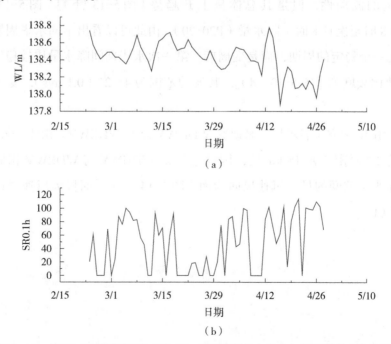

图 5-11　2005 年香溪河春季水华 S1、S2 采样点水动力与气象条件变化趋势

从图 5-12 中可以看出，在春季水华期间，采样点 S1 与 S2 处的水温呈上升趋势，水温平均值均为 14.76℃，而变异系数分别为 23.31% 与 23.87%。从平均水温可以判断两处的气温是相同的。但是，根据变异系数来看，S1 处的水温较 S2 处的水温更稳定。S1 与 S2 的平均气温存在两个极值点，第一次是在 3 月 10 日前后，第二次是在 4 月 6 日前后。

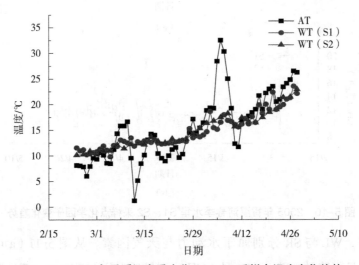

图 5-12 2005 年香溪河春季水华 S1、S2 采样点温度变化趋势

由图 5-13（a）可知，SE 在春季水华期间一直是一个稳定的常数。尽管 LE 呈现一定的波动性，但是其总体呈上升趋势 ［图 5-13（b）］。图 5-13（c）为 24 h（晚 8 时至次日 8 时）降水量（P20-20），由此可以看出不同水华周期内的降水量并无一个稳定的周期，而是变周期。第一次水华期间降水量比较稳定。平均风速波动比较剧烈 ［图 5-13（d）］，其波动范围为 4～27（0.1 m/s），变异系数为 35.86%。

这里用 16 个方位表示风向来研究 WDHWV 以及 WDEWV。由于采样点 S1 位于采样点 S2 西南不足 15 km 处，因此它们的 WDHWV 与 WDEWV 相同。两个采样点在水华期间的最大风速风向为南 ［图 5-14（a）］，而极大风速风向为东南 ［图 5-14（b）］。

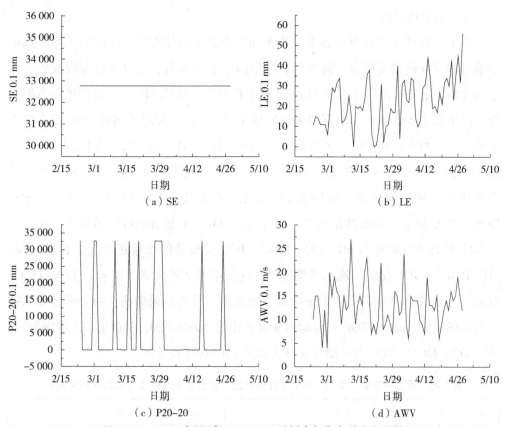

图 5-13　2005 年香溪河 S1、S2 采样点气象条件变化趋势

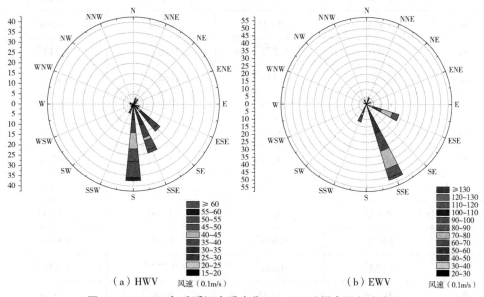

图 5-14　2005 年香溪河春季水华 S1、S2 采样点风向玫瑰图

（2）相关性分析

为了找到两个采样点在春季水华期间叶绿素 a 与外界因子之间的关系，选取影响叶绿素 a 的相关因素：营养盐、化学因子、水动力、气象条件等构成外界因子与叶绿素 a 相关矩阵并进行 Pearson 相关性分析。采用 SPSS 19 软件进行数据分析，结果如表 5-5 所示。根据相关研究成果[107]，可以知道香溪河 2005 年春季水华共暴发过两次。其中第一次为 2 月 23 日—3 月 23 日，第二次是 3 月 24 日—4 月 28 日。从表 5-5 中可以看出，DOC、TOC、pH、DO 以及可溶性硅（Si）可以呈现两次水华期间绝大部分叶绿素 a 的变化。在采样点 S1，叶绿素 a 浓度与 pH、DOC、TOC 呈显著的线性正相关，而与 Si、PO_4-P 呈显著的线性负相关。在采样点 S2，叶绿素 a 浓度与 pH、DO、DOC、TOC 呈显著的线性正相关。容易发现，pH、DOC 与 TOC 是第一次水华期间受正向影响最大的元素，而 pH、DO、DOC、TOC 是第二次水华期间受正向影响最大的元素。分析结果表明：两个采样点在第一次水华期间，pH 与 TOC 与叶绿素 a 显著相关（$p < 0.01$），而在第二次水华期间，pH、DO、DOC、TOC 与叶绿素 a 显著相关（$p < 0.01$）。

表 5-5　香溪河春季水华期间两个采样站点的叶绿素 a 与其他指标的简单相关关系

采样点	S1		S2	
指标	第一次水华（$n=65$）	第二次水华（$n=65$）	第一次水华（$n=33$）	第二次水华（$n=33$）
WT	0.416*	0.221	0.094	0.338
pH	0.560**	0.573**	0.859**	0.742**
DO	0.214	0.549**	0.647**	0.832**
Si	−0.476**	−0.526**	−0.394	−0.567*
DIN	−0.195	−0.285	−0.311	−0.178
TN	−0.135	−0.219	−0.426	0.228
PO_4-P	−0.489**	−0.340*	−0.251	−0.345
TP	−0.573**	0.01	−0.461	−0.234
DOC	0.843**	0.661**	0.637*	0.699**
TOC	0.864**	0.641**	0.737**	0.672**
WL	0.119	0.131	0.186	−0.19
AT	−0.177	0.384*	−0.121	0.339

采样点	S1		S2	
指标	第一次水华 （*n*=65）	第二次水华 （*n*=65）	第一次水华 （*n*=33）	第二次水华 （*n*=33）
P20-20	−0.118	−0.185	−0.156	−0.274
SE	N	N	N	N
LE	−0.019	0.132	−0.007	0.373
AWV	0.128	0.099	−0.18	0.098
HWV	0.036	0.162	−0.315	−0.124
WDHWV	0.078	−0.051	−0.138	0.126
EWV	0.094	0.282	−0.29	−0.09
WDEWV	−0.273	0.15	−0.19	0.021
SR	0.053	0.121	−0.198	0.281

注：** Significant at the $p<0.01$ level；* Significant at the $p<0.05$ level。

从香溪河春季水华暴发期间藻类密度组成上来看（图 5-15），整个水华暴发期硅藻占绝对的优势，占 7 种藻类密度的 73%，金藻和绿藻次之，均占 10%，其他 4 种藻类总共占剩下的 7%。

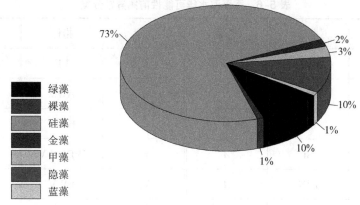

图 5-15　香溪河春季水华暴发期间藻类相对丰富度

从香溪河春季水华期 S1、S2 采样点的藻类组成变化趋势来看（图 5-16），在第一次水华暴发期的主要优势种为隐藻与硅藻。第二次水华暴发期的主要优势种为硅藻。

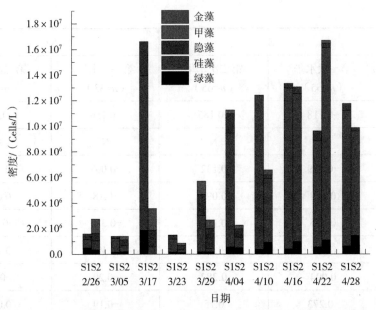

图 5-16　香溪河春季水华期 S1、S2 采样点不同种藻类密度变化趋势

（3）双向 S 粗糙集 SRSTDKAM 算法分析

设香溪河两个采样点 S1 与 S2 引起水华前兆异常的指标为 $x_1 - x_{28}$，根据前兆异常分类作为等价关系 R，设 28 个主要的前兆异常项分别属于 6 个等价类，所属等价类代号分别为 A、B、C、D、G、H。各异常项所属分类见表 5-6。

表 5-6　香溪河水华可能性前兆异常分类

元素	指标	类别	元素	指标	类别
x_1	WT	G	x_{15}	LE	C
x_2	pH	D	x_{16}	AWV	C
x_3	DO	D	x_{17}	HWV	C
x_4	Si	A	x_{18}	WDHWV	C
x_5	DIN	A	x_{19}	EWV	C
x_6	TN	A	x_{20}	WDEWV	C
x_7	PO$_4$-P	A	x_{21}	SR	G
x_8	TP	A	x_{22}	硅藻	H
x_9	DOC	A	x_{23}	甲藻	H

元素	指标	类别	元素	指标	类别
x_{10}	TOC	A	x_{24}	蓝藻	H
x_{11}	WL	B	x_{25}	隐藻	H
x_{12}	AT	C	x_{26}	金藻	H
x_{13}	P20-20	C	x_{27}	裸藻	H
x_{14}	SE	C	x_{28}	隐藻	H

以采样点 S1 为例，确定此区域主要的水华前兆异常步骤如下。

步骤一：给出区域 S1 的前兆异常项的论域 $U=\{x_1,x_2,\cdots,x_{27},x_{28}\}$。

步骤二：根据表 5-6，将前兆异常项分成 6 类：营养盐（A 类）、水动力（B 类）、天气因素（C 类）、化学因子（D 类）、物理因子（G 类）以及生物群落（H 类）。论域 U 上的 R 等价类可以表示为 $[x]_A=\{x_4,x_5,x_6,x_7,x_8,x_9,x_{10}\}$、$[x]_B=\{x_{11}\}$、$[x]_C=\{x_{12},\cdots,x_{20}\}$、$[x]_D=\{x_2,x_3\}$、$[x]_G=\{x_1,x_{21}\}$、$[x]_H=\{x_{22},\cdots,x_{28}\}$。

步骤三：结合统计分析，得到 S1 样点第一次水华期间与叶绿素 a 显著相关（$p<0.05$）的前兆异常项集 $X=\{x_1,x_2,x_4,x_7,x_8,x_9,x_{10},x_{22},x_{25}\}$，其分类有营养盐（A 类）、化学因子（D 类）、物理因子（G 类）与生物群落（H 类），具体见表 5-7，同时求解出 X 上的上近似 $R^-(X)$ 与下近似 $R_-(X)$ 分别为：

表 5-7　S1 采样点第一次水华前兆异常分类

元素	指标	类别
x_1	WT	G
x_2	pH	D
x_4	Si	A
x_7	PO_4-P	A
x_8	TP	A
x_9	DOC	A
x_{10}	TOC	A
x_{22}	硅藻	H
x_{25}	隐藻	H

$R^-(X) = [x]_A \cup [x]_D \cup [x]_G \cup [x]_H = \{x_1,\cdots,x_{10},x_{21},\cdots,x_{28}\}$；

$R_-(X) = \varnothing$。

由于 $R_-(X) \neq R^-(X)$，因此 X 是一个粗糙集。其上近似、下近似分别表示 S1 采样点 2005 年春季第一次水华前兆异常项的最大集合与最小集合。

步骤四：根据双向 S 粗糙集 SRSTDKAM 算法，求解出水华前兆异常的双向 S 粗糙集 X^{**}。假设 X^{**} 的初值满足 $X^{**} = X$，$\wp = F' \cup F$ 为水华前兆异常论域 U 上的双向迁移簇。其中，迁出元素集合 $F' = \{\overline{f}\}$、迁入元素集合 $F = \{f\}$。S1 样点在第二次水华时前兆异常项指标增加了溶解氧（x_3）与平均气温（x_{12}），分别属于化学因子（D 类）与天气条件（C 类），因此通过迁入函数 f 将元素 x_3 与 x_{12} 迁入 X^{**}；而水温（x_1）、总磷（x_8）与隐藻（x_{25}）在第二次水华时前兆异常特征不明显，因此通过迁出函数 $\overline{f}$ 迁出元素 x_1、x_8 与 x_{25}，并归为 -1 类。根据统计分析结果，得到 S2 样点第二次水华期间与叶绿素 a 显著相关（$p<0.05$）的前兆异常项集，其分类有营养盐（A 类）、天气条件（C 类）、化学因子（D 类）与生物群落（H 类），具体见表 5-8。而论域 U 上 R 等价类可以表示为 $[x]_A = \{x_4,x_5,x_6,x_7,x_9,x_{10}\}$、$[x]_B = \{x_{11}\}$、$[x]_C = \{f(x_{12}),\cdots,x_{20}\}$、$[x]_D = \{x_2,f\{x_3\}\}$、$[x]_G = \{x_{21}\}$ $[x]_H = \{x_{22},x_{23},x_{24},x_{26},x_{27},x_{28}\}$、$[x]_B = \{x_{11}\}$ 与 $[x]_{\overline{f}} = \{x_1,x_8,x_{25}\}$。其中 $[x]_{\overline{f}}$ 为迁出元素集合，因此得到双向 S 粗糙集 $X^{**} = \{x_2,f\{x_3\},x_4,x_7,x_9,x_{10},f\{x_{12}\},x_{22}\}$。

表 5-8　S1 采样点第二次水华前兆异常分类

元素	指标	类别
$\overline{f}\{x_1\}$	WT	-1
x_2	pH	D
$f\{x_3\}$	DO	D
x_4	Si	A
x_7	PO_4-P	A
$\overline{f}\{x_8\}$	TP	-1
x_9	DOC	A
x_{10}	TOC	A

元素	指标	类别
$f\{x_{12}\}$	AT	C
x_{22}	硅藻	H
$\overline{f}\{x_{25}\}$	隐藻	-1

步骤五：求解双向 S 粗糙集 X^{**} 的上近似集合 $(R,\wp)^o(X^{**})$ 与下近似集合 $(R,\wp)_o(X^{**})$。

$$(R,\wp)^o(X^{**})=[x]_A\bigcup[x]_C\bigcup[x]_D\bigcup[x]_H$$

$$=\begin{Bmatrix} x_4,x_5,x_6,x_7,x_9,x_{10},f(x_{12}),x_{13},x_{14},x_{15},x_{16},x_{17},\\ x_{18},x_{19},x_{20},x_2,f(x_3),x_{22},x_{23},x_{24},x_{26},x_{27},x_{28} \end{Bmatrix}$$

$$(R,\wp)_o(X^{**})=[x]_D=\{x_2,f(x_3)\}。$$

X^{**} 是一个双向 S 粗糙集。其上近似、下近似分别表示 S1 采样点 2005 年春季第一次水华到第二次水华期间前兆异常项的最大集合与最小集合。

上近似集合 $\begin{Bmatrix} x_4,x_5,x_6,x_7,x_9,x_{10},x_{12},x_{13},x_{14},x_{15},x_{16},x_{17},\\ x_{18},x_{19},x_{20},x_2,x_3,x_{22},x_{23},x_{24},x_{26},x_{27},x_{28} \end{Bmatrix}$，其具体指标集合为

$\begin{Bmatrix} Si,DIN,TN,PO_4-P,DOC,TOC,AT,P20-20,SE,LE,AWV,HWV,\\ WDHWV,EWV,WDEWV,pH,DO,bacillariophyta,pyrrophyta,\\ cyanophyta,chlorophyta,euglenophyta,chrysophyta \end{Bmatrix}$。它们是 S1 采样

点在 2005 年春季两次水华期间所有出现的水华前兆异常项集合。在水华预测时，是否采纳其中的某些异常项数据，可以结合专家经验来确定。而下近似集合 $\{x_2,x_3\}$，其具体指标为 $\{pH,DO\}$。它们是 S1 采样点在 2005 年春季两次水华期间最有参考价值的水华前兆异常项集合。在水华预测时，专家可以重点研究它们，以此掌握水华发展趋势。

表 5-9　S1 采样点水华时期元素、属性类变化情况

	所有前兆异常项	第一次水华异常	第二次水华异常
元素数目	28	9	8
属性类	6	4	5

从表 5-9 中可以看出，S1 采样点在水华两个时期的元素数目（异常指标项）与属性类（异常指标所属分类）均不相同，说明水华期肯定存在元素与属性的迁

移，例如，第一次水华到第二次水华期间，有两个元素 x_3 与 x_{12} 通过迁入函数 f 迁入，有 3 个元素 x_1、x_8 与 x_{25} 通过迁出函数 $\overline{f}$ 迁出，其相应的属性类由迁出函数 $\overline{f}$ 迁出属性类 G，而通过迁入函数 f 迁入了属性集 C 与 -1 两类。由此，利用 S 粗糙集的动态迁移特性能很好地解释这些异常差异现象。

表 5-10　S2 采样点两次水华期指标的上、下近似集

	元素	指标
下近似	$\{x_2, x_3\}$	$\{pH, DO\}$
上近似	$\left\{ \begin{array}{l} f(x_4), x_5, x_6, x_7, x_8, x_9, x_{10}, x_2, \\ x_3, x_{22}, x_{23}, x_{24}, x_{26}, x_{27}, x_{28} \end{array} \right\}$	$\left\{ \begin{array}{l} Si, DIN, TN, PO_4-P, TP, DOC, TOC, pH, DO, \\ bacillariophyta, pyrrophyta, cyanophyta, \\ chlorophyta, euglenophyta, chrysophyta \end{array} \right\}$

相应地，从表 5-10 中可以看出采样点 S2 在两次水华期间的上、下近似集。下近似集合具体指标为 $\{pH, DO\}$，在 S2 的水华分析时需要重点考虑这两项指标。而上近似集合具体指标为 $\left\{ \begin{array}{l} Si, DIN, TN, PO_4-P, TP, DOC, TOC, pH, DO, \\ bacillariophyta, pyrrophyta, cyanophyta, \\ chlorophyta, euglenophyta, chrysophyta \end{array} \right\}$，是采样点 S2 在两次水华期间可能产生的水华前兆异常项集合，水华分析时需要结合经验考虑这些因素。

从以上试验结果可以看出，pH 与溶解氧是 S1 采样点与 S2 采样点两次水华前兆异常中最重要的两项指标。结合统计分析，溶解氧与叶绿素 a 存在显著正相关（$p<0.01$）。溶解氧与叶绿素 a 存在双向作用[208]，由于采样时间是白天，光合作用强度高于呼吸作用，所以两者呈正相关。在实测中，叶绿素 a 在 S1 与 S2 采样点都呈波动趋势，溶解氧也呈相应的波动趋势，说明藻类在进行光合作用与呼吸作用。当水体叶绿素 a 平均含量高于 10 μg/L 时，水体处于富营养状态，发生水华的可能性极高。当叶绿素 a 含量升高时，其溶解氧也迅速增多，说明藻类大量繁殖使水体中的氧气含量过饱和。S1 采样点在第一次水华期间，由于其浮游植物含量处于较低水平，浮游植物进行光合作用是向水体释放氧气还未成为水体复氧的主要途径，叶绿素 a 与溶解氧的相关关系还不明显；第二次水华期间，浮游植物含量有所上升，叶绿素 a 与溶解氧的相关性显著增强。S2 采样点在第一次水华和第二次水华时期浮游植物含量都比较高，特别是在第一次水华初期（2 月 26 日），浮游植物含量出现了最大值。溶解氧是这两个采样点的水华前兆的必然因素，与叶绿素 a 显著相关。

此外，pH 也是这两个采样点的水华前兆的必然因素。pH 主要受水体化学特性的影响，特别是受水体中的 CO_2、HCO_3^- 与 CO_3^{2-} 之间的动态平衡的影响[209]。由于水库中的 pH 主要受 CO_2 含量控制。在富营养化水体中，O_2 和 CO_2 主要受生物过程控制。浮游植物达到一定数量后，其生命过程对水体 pH 的变化起主导作用。尤其是微生态系统中水文气象条件单一且营养盐充足时，叶绿素 a 含量较高，当含量高于 10 μg/L 时，pH 就主要受藻类光合作用影响，随着藻类数量增加，光合作用所消耗的 CO_2 也随之增多，pH 因此就相应升高。S1、S2 采样点在第一次水华、第二次水华时的叶绿素 a 平均含量均高于 10 μg/L，pH 在两个采样点的两次水华中均呈显著正相关。浮游植物通过自身的生理活动调节水体中的 CO_2 浓度从而改变 pH，使其向利于自身生长繁殖的方向发展。有研究表明[210]，pH 或 DO 与藻类数量存在较好的相关性，通过对 pH 或 DO 的监测，可以对水华或赤潮现象进行预测和预警。利用 pH 和 DO 满足下近似且显著相关这一特点相互引证，能够及时发现异常现象或监测偏差[211]。

氮、磷等营养元素都是浮游植物生长的必要营养，在不同的环境下，可能对浮游植物的生长起到不同的限制作用[212-214]。传统观点认为，磷一般是淡水水体中浮游植物生长的主要限制因子[215]。在香溪河春季水华研究中，我们发现磷不是 S2 采样点在两次水华暴发过程中藻类生长的主要限制因子。DOC 与 TOC 在两个断面和叶绿素 a 呈显著正相关，推测香溪河水体中的碳主要来自浮游植物，当叶绿素 a 浓度较高时，水体中的 DOC 主要来源于浮游植物死亡释放出来的有色 DOC；当叶绿素 a 浓度较低时，浮游植物光合作用分泌的胞外 DOC 是水体中 DOC 的主要来源。叶绿素 a 与水体中的 Si、DIN、TN、PO_4-P 等营养盐存在一定程度的负相关性，推测在藻类生长的不同时期对其存在一定的限制作用，由于水体中藻类密度较高，吸收利用营养物质的相对数量较大，关系也就更密切。其中，Si 是两个采样点藻类最主要的限制因子。从第一次水华期到第二次水华期，Si 被明显消耗，而 Si 是硅藻合成硅壳所必不可少的基本元素[209]，这段时间浮游植物优势类群主要是硅藻。由于第二次水华暴发期间，隐藻不再是主要优势种，因此它不在 S1 与 S2 采样点的上近似集里。除了硅藻与隐藻，其他藻类变化不明显，因此也在两个采样点的上近似集里。在动态水体条件下，藻类数量在温度 25℃时有一定的增长，其藻类比增殖速率为 0.128，随着温度升高增殖速率也增大，但 25℃更适合藻类的生长与繁殖。S1 采样点在第二次水华期间日平均气温多次在 25℃左右，气温在 S1 断面第二次水华期和藻类呈较显著正相关。气象因子通过影响水体相关环境因子使藻类的生存环境不断发生变化，从而直接或间接影响水华的发生。因此气象因子也是水华

前兆异常的可能因素之一[216]。

水华是工程领域普遍存在的一项实际问题。水体富营养化污染导致水华暴发的形成过程是一个多维度消涨、多因素耦合并具备内在强非线性耗散的复杂动力学体系。造成水华的外部条件（水体透明度、光照、流速与温度）、富营养化参数（氮磷浓度与比例等）、临界状态等和水华消涨行为存在密切联系的动力学机制处于一种非平衡、非稳定、无序与随机的状态。这种状态具有各种非线性作用，使水华的消涨行为、暴发过程的全局态处于水环境污染场的非线性世界中。因此，传统的线性研究技术、模型还不能揭示其复杂的机理。利用前兆异常数据来预测水华，需要大量定性和定量知识的支持。本章提出了基于 SRSTDKAM 算法的水华前兆异常的分析方法。该算法能协助专家在区域内的所有水华异常项中，分析出某次水华前兆异常项的最小集合，减小了问题求解规模，为水华预测提供了客观依据。此方法有助于决策者评估水质，减少工作时间，以及正确估计其发展趋势。但由于此算法是根据穷举此区域所有时间的水华异常项数据而设计的，而这些数据项对数据量的要求比较高，在实际中获得详尽的异常项数据难度很大，所以，此算法若要实际应用，需完善水华异常项数据的收集。因此下一步应进一步加强与生态环境部门、其他科研单位的合作，收集更多的监测数据，完善相应的数据库。

5.6 本章小结

经典粗糙集面临一项挑战：如何对不确定信息进行动态知识获取。本章在经典粗糙集理论的基础上，分析了传统经典粗糙集在动态处理上的不足，考虑元素与属性间的迁移与动态变化，在静态论域上拓展了双向迁移簇。同时，考虑了元素迁移时的粒度大小，采用了两种动态知识获取策略进行动态扩展，将迁移簇细化为多元素与单元素，分别得到了这些元素的双向迁移操作时所引起的正域变化，再以正域变化为基础求解近似分类质量，提出了基于动态粗糙集的单元素、多元素增量式知识更新算法，并通过对比实验验证了其优越性与可行性。最后，结合 2005 年三峡库区香溪河春季两次水华数据，建立一种水华动态分析模型，此模型相比静态分析模型，能快速且有效地区分多次水华发生之间主要影响因素的变化趋势。该方法能协助专家在区域内的所有水华异常项中分析出某次水华前兆异常项的最小集合，减小问题求解规模，能够为水华预测提供客观依据。同时，此方法有助于决策者评估水质，减少工作时间，以及正确预测其发展趋势。

第 6 章　三峡库区水生态环境在线监测系统

6.1　引言

三峡工程是迄今世界上最大的水利水电枢纽工程，现已从工程建设期转入运行管理期，三峡工程是治理和开发长江的关键性骨干工程，是一项多目标、多功能的具有综合开发效益的复杂系统工程。三峡工程及库区的战略目标涉及库区移民安稳致富、促进库区经济社会发展、库区生态建设和环境保护、库区地质灾害防治，以及三峡工程运行对长江中下游影响的处理、三峡工程运行管理体制与能力建设、三峡水库调度与综合效益拓展等多项重要任务，关系防洪发电、航运、流域治理以及库区生态系统可持续发展等经济效益和生态效益的综合实现。

为确保三峡工程长期稳定安全运行和持续发挥综合效益，2011 年 5 月国务院常务会议审议通过《三峡后续工作总体规划》，规划将"三峡工程综合管理能力建设"作为其重要的分项规划，全力推进实时监测能力、综合管理能力和应急处置能力建设。2012 年 5 月，中国科学院致函国务院三峡办，提出由重庆绿色智能技术研究院牵头组建"三峡工程在线监测与应急管理信息中心"，以具体开展三峡工程综合管理能力建设工作，2013 年 1 月，国务院三峡工程建设委员会办公室正式批准中国科学院重庆绿色智能技术研究院（以下简称中科院重庆研究院）牵头组建"三峡工程生态与环境监测系统在线监测中心"。三峡工程生态与环境监测系统在线监测中心依托中科院重庆研究院，致力于建设三峡工程生态与环境在线监测系统，提升三峡库区在线监测、实时管理与应急管理能力，支撑三峡工程持续发挥和拓展综合效益，促进库区经济社会全面协调可持续发展。作为建设三峡工程生态与环境在线监测系统的一个重要组成部分，三峡库区水生态环境在线监测系统（以下简称三峡在线监测系统）的建设正在逐步开展。

2014 年，中科院重庆研究院获得国家重大科技专项——水体污染控制与治理——"三峡库区水生态环境感知系统及平台业务化运行"立项批准，进一步开展了三峡在线监测系统的建设工作。根据课题总体设计，该课题研究包括 6 个研究任务，其中之一是"三峡库区水生态环境感知平台研制及业务化运行"。该研究任务包括研究三峡库区水生态环境感知系统及平台的传输、管理、可视化关键技术，开发三峡库区水环境的推演模型与软件，建设具有自主知识产权的三峡库区感知平台，建立水生态感知模拟与可视化推演平台示范工程。实现的功能包括具体实现三峡库区的整体展示和重点区域的实景呈现的功能，水污染与防治的动态可视化模拟与仿真，提供可供选择的多种方案和政策建议，为三峡库区水环境的管理、预警和治理等提供重要数据支撑和技术支持。

三峡库区水生态环境在线监测系统是水体污染控制与治理专项项目的要求之一。因此，很有必要建立三峡库区水生态环境感知平台，实现网络监测示范区域监测信息的快速汇集、实时处理、展示与可视化推演的目标，服务于相关管理部门。

6.2 三峡在线监测系统的结构

6.2.1 系统架构

三峡在线监测系统是一个涵盖数据中心基础网络、基础环境、分布式计算平台、网络安全、备份平台等多个子系统的综合大型系统，通过高效与实时的信息采集、汇集、处理、共享与分析的数据服务体系，为三峡库区水生态环境的工程管理提供辅助决策。

三峡在线监测系统的总体技术框架如图 6-1 所示。技术架构的层次从上到下依次为业务功能层、应用支撑层、数据采集层和基础设施层，信息化标准体系是三峡在线监测系统必须遵循的基本规范，安全管理体系为系统安全提供重要保障。总体技术框架图如下。

6.2.2 基础设施层

基础设施层包括网络接入与数据传输设备、数据存储设备与主机设备等各类设备与机房环境，为三峡库区水生态环境感知系统及业务化运行平台提供网络接入、数据传输、数据存储、安全防护、计算服务和工作环境。本方案中基础设施层基于开放、融合的架构，采用虚拟化技术，将网络、存储、服务器、数据采集器等各类基础设施进行资源整合，实现基础资源池，降低资源使用与资源具体实现之间的耦合程度，统一管理，调度网络资源、计算资源和存储资源，提高各类基础设施资源的综合利用效率和灵活的管理与部署能力，更好地支撑三峡库区水生态环境感知系

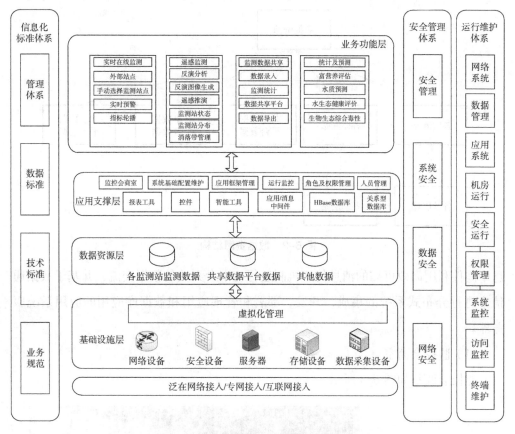

图 6-1　三峡在线监测系统整体框架示意图

统及业务化运行平台的良好运行，基础设施采用云技术进行搭建。

6.2.3　数据资源层

数据资源层位于基础设施层之上，主要包含各监测站监测数据、共享数据平台数据及其他来源数据，为应用支撑层与业务应用层提供各类数据资源。数据资源层主要包括面向三峡库区水生态环境感知系统及业务化运行平台业务应用的各类数据库建设，以及对数据的管理、共享、交换、整合分析应用等内容。随着在线监测建设的不断深入，如何有效利用大数据技术，深度挖掘水资源数据潜在的应用价值，为经济社会发展提供更好的服务，是数据资源层的一个重要任务（图 6-2）。

6.2.4　应用支撑层

应用支撑层介于数据资源层与业务应用层之间，为上层业务应用提供成熟软件产品的技术支撑，主要包括监控会商室、系统基础配置维护、应用框架管理、运行监控、角色及权限管理、机构及人员管理、报表工具、控件智能工具等。应用／消

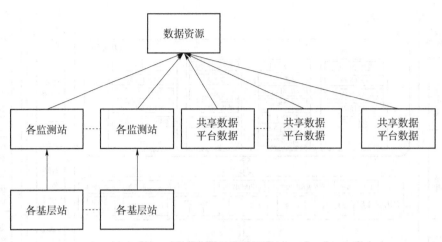

图 6-2　数据资源结构

息中间件利用高效可靠的消息传递机制进行与平台无关的数据交流，并基于数据通信来进行分布式系统的集成，开发、部署和管理应用和数据库应用的应用系统服务器。

（1）监控会商室

监控会商室如图 6-3 所示。

图 6-3　监控会商室

（2）应用框架管理

为基于其上构建的应用提供通用服务，提高代码和设计的可扩展性、模块化和可重用性，并实现在统一框架中对子系统、功能模块和资源的访问和管理，包括构建注册及装配、全局变量管理、应用发布及展现。

（3）机构及人员管理

在实现与内部管理门户人事及机构管理系统信息同步的基础上，提供对全系统的机构组织和人员相关登录和认证信息的录入、修改、停用、查询等功能，支持人员分级管理。

（4）角色及权限管理

角色及权限管理包括权限管理、角色管理等功能。角色可以与用户组、职务、职级和机构进行自动关联，方便用户在变更机构和层级信息时能够快速变更权限认证。权限管理可实现对不同机关、不同级别的用户在平台各类应用中的使用权限的管理，支持分级授权管理。

（5）系统基础配置维护

系统基础配置维护包括系统代码集管理、基础参数管理、业务规则管理、业务流程管理、文书模板管理、打印管理等配置管理。

（6）运行监控

运行监控包括日志管理、安全审计、系统监控等功能。

6.2.5　业务功能层

业务应用层构建于应用支撑层之上，提供各类三峡库区水生态环境感知系统及业务化运行平台的功能应用。功能应用层主要包括三峡水生态环境系统应用、实时在线监测应用、遥感监测应用、监测数据共享应用、统计及预测应用。三峡水生态环境系统应用集中实现各核心功能概览。实时在线监测应用通过建立的各数据采集点，共享数据平台数据等，形成纵向贯通、横向互联的信息网络，对相关采集和汇总信息进行实时浏览和管理。遥感监测应用是将信息可视化、卫星遥感、GPS 定位等技术应用于水环境监测服务中，基于 CCD 的成像光谱技术作为新一代的影像遥感观测手段对库区流域内水生环境进行大尺度水生植被群落及化学元素空间结构及演替状况的观测。监测数据共享应用实现监测站点与其他合作单位的信息共享协同及数据分析业务，实现各数据来源业务间、地区间的关联和对接。统计及预测应用实现水质数据的整理分析包括实现水质预测功能模块、富营养化评价模块、生物生态综合毒性评价模块、水生态健康评价模块。

三峡库区水生态环境感知系统及业务化运行平台的总体应用系统可以概括为 4 个功能模块，分别是实时在线监测应用、遥感监测应用、监测数据共享应用和统计及预测应用。应用系统应符合云平台要求，可移植部署于云平台之上。应用系统业务功能层如图 6-4 所示。

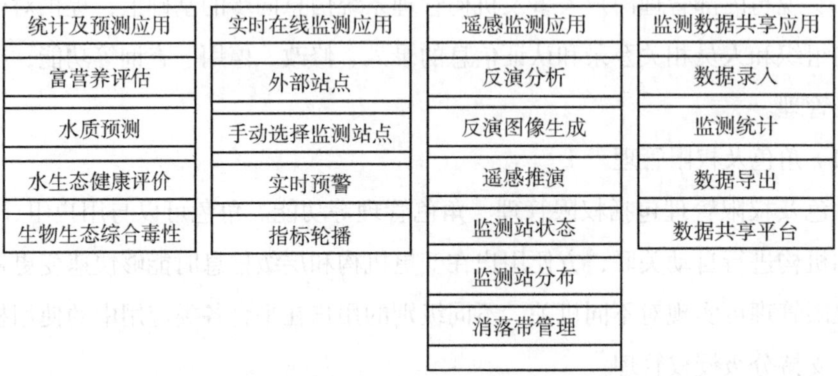

统计及预测应用	实时在线监测应用	遥感监测应用	监测数据共享应用
富营养评估	外部站点	反演分析	数据录入
水质预测	手动选择监测站点	反演图像生成	监测统计
水生态健康评价	实时预警	遥感推演	数据导出
生物生态综合毒性	指标轮播	监测站状态	数据共享平台
		监测站分布	
		消落带管理	

图 6-4 应用系统业务功能层

6.3 水质富营养化评价

随着大数据、智能技术的不断发展，在水质监测中要面对海量的各种类型的传感器采集数据，并且由于监测手段原因不可避免地带有大量的缺失数据（图 6-5），传统的数据挖掘技术需要经过预处理后才能对数据进行分析，所以效率不高。因此，建立一种实时水质大数据在线分析平台，进而对海量的不完备的水质监测数据进行快速、准确的分析就显得极为重要。

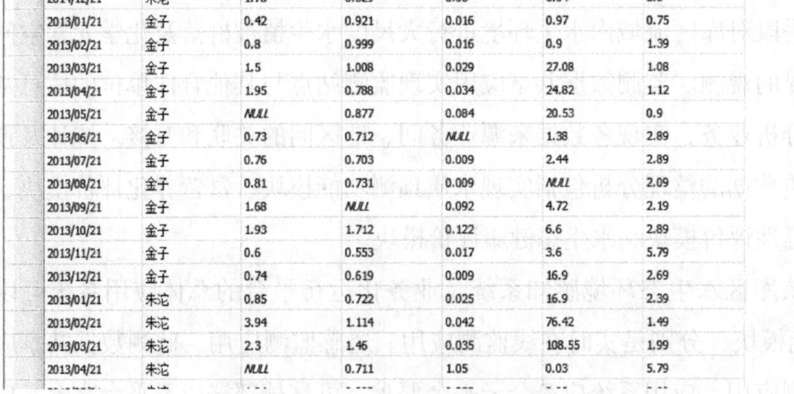

F1	spot	CODMn	TN	TP	Chia	SD
2014/04/21	朱沱	1.62	0.714	1.052	0.04	5.8
2014/05/21	朱沱	1.82	0.985	0.824	0.04	2.7
2014/06/21	朱沱	1.28	0.66	1.019	NULL	2.4
2014/07/21	朱沱	2.49	1.288	1.063	22.17	1.5
2014/08/21	朱沱	2.09	1.061	0.846	7.19	2
2014/09/21	朱沱	NULL	0.481	0.127	0.04	2.2
2014/10/21	朱沱	1.26	0.854	0.089	3.38	2.3
2014/11/21	朱沱	2.02	1.455	0.238	138.04	0.9
2014/12/21	朱沱	1.78	0.629	0.06	0.04	2.8
2013/01/21	金子	0.42	0.921	0.016	0.97	0.75
2013/02/21	金子	0.8	0.999	0.016	0.9	1.39
2013/03/21	金子	1.5	1.008	0.029	27.08	1.08
2013/04/21	金子	1.95	0.788	0.034	24.82	1.12
2013/05/21	金子	NULL	0.877	0.084	20.53	0.9
2013/06/21	金子	0.73	0.712	NULL	1.38	2.89
2013/07/21	金子	0.76	0.703	0.009	2.44	2.89
2013/08/21	金子	0.81	0.731	0.009	NULL	2.09
2013/09/21	金子	1.68	NULL	0.092	4.72	2.19
2013/10/21	金子	1.93	1.712	0.122	6.6	2.89
2013/11/21	金子	0.6	0.553	0.017	3.6	5.79
2013/12/21	金子	0.74	0.619	0.009	16.9	2.69
2013/01/21	朱沱	0.85	0.722	0.025	16.9	2.39
2013/02/21	朱沱	3.94	1.114	0.042	76.42	1.49
2013/03/21	朱沱	2.3	1.46	0.035	108.55	1.99
2013/04/21	朱沱	NULL	0.711	1.05	0.03	5.79

图 6-5 不完备的数据

本系统富营养化评价模块基于不完备信息系统的富营养评价模型（第 4 章）建立，首先对数据库中的不完备数据通过（第 3 章）基于三原色的可视离散化算法进行离散处理，其次通过不完备目标信息系统差异关系的知识约简算法进行约简处理，最后将约简后的指标建立最优 Petri 网模型，结合 Petri 网的矩阵运算构建富营养化并行推理模型，从而实现富营养化知识的高效推理。

该富营养化评价模型与传统的生态评价模型不同之处在于以下两点。

（1）基于信息学观点建立的富营养化评价模型是从客观数据角度出发，从数据中发现知识

党中央、国务院高度重视大数据在推进生态文明建设中的地位与作用。习近平总书记曾明确指出，要推进全国生态环境监测数据联网共享，开展生态环境大数据分析。环境保护部原部长陈吉宁要求，大数据、"互联网 +"等信息技术已成为推进环境治理体系和治理能力现代化的重要手段，要加强生态环境大数据综合应用和集成分析，为生态环境保护科学决策提供有力支撑。为了响应国家号召，进一步推进三峡库区环保系统信息化的建设，三峡工程生态与环境监测系统在线监测中心以大数据信息技术为基础，构建三峡库区水生态环境在线监测系统，通过信息化的手段，实现生态环境综合决策科学化。

（2）对信息系统中的缺失数据也能进行有效评价

目前国内主流的富营养评价方法为综合营养状态指数法，需要 5 项指标的完备数据，不允许任何一项指标的数据有缺失。虽然这些缺失数据能够通过各种预处理技术来填补，但是不同的预处理方式对挖掘结果影响很大，因此，采用不完备信息系统中的评价模型就显得非常重要。

本系统的富营养化评估是基于历史数据对水质富营养化水平进行评价，同时可以展示水质富营养化程度的统计分布。图 6-6 为采用本书基于三原色的可视离散化算法进行离散处理后的数据表。图 6-7 为动态约简后的信息展示，原来的 5 项指标现在只需要叶绿素 a 与透明度两项指标就可以进行评价。指标的约简结果是动态生成的，会随着训练集数据的变化而变化，因此图 6-7 中的输入指标是动态产生的。图 6-8 为金子与朱沱两个示范断面的富营养化评价结果，可以看出两个断面的富营养化水平在 2008 年 1 月到 2015 年 1 月的绝大部分时间内都是处于中营养状态。

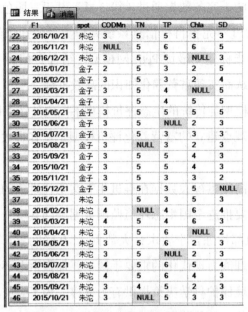

图 6-6 离散处理后的富营养化数据

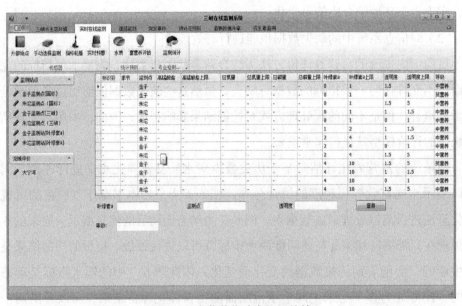

图 6-7 富营养化动态知识约简

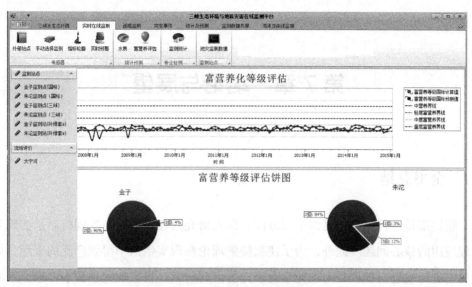

图 6-8　富营养化评价结果

6.4　本章小结

本章对三峡库区水生态环境在线监测系统进行了概述，主要包括系统架构以及技术架构的各层结构，并对集成了本章算法的水质富营养化功能进行了介绍。三峡库区水生态环境在线监测系统对水生态的实时监测，在保证库区水质部门工作者及时掌握水质状况、预警突发性或重大水质污染事故、控制污水达标排放、保障饮水安全等方面发挥了重要作用。

第 7 章　结论与展望

7.1　全书总结

粗糙集是一种优秀的机器学习方法，深入研究其建模方法与推理机制是实现其合理应用的核心问题。此外，为了使粗糙集理论在现实生活中得到广泛的应用，如何对它进行改进与扩展是一项非常有理论价值的研究。自三峡大坝蓄水以来，三峡库区的水环境由河流水体转变为类似于湖泊的水体，水环境生态发生了根本性变化，水体面临着富营养化污染的严重威胁。如何结合粗糙集理论建立一套有效、合理的智能化富营养化评价模型，是库区环保部门在信息化建设推进中所要面临的重要研究课题。

归纳起来，本书的主要研究内容和研究成果包括以下几个方面。

（1）提出了基于三原色的可视离散化算法

针对传统离散化算法处理二值对象时存在的直观性较差、离散化后信息有缺失以及过度离散化造成计算复杂度高等问题，借鉴色彩学里的三原色原理，提出了基于三原色的可视化离散化算法。该算法从可视化角度从发，能够对数据类别分布进行可视化呈现，并利用视觉模糊性与主动生长原理实现类别混叠区域的视觉模糊化，在图形空间上对离散化区间进行划分。在 UCI 公共数据集上进行的对比试验测试结果表明，该算法不仅实现了稳定、准确的数据离散化，而且表现出了较好的直观性与分类效果。这些研究成果将有助于基于差异关系的不完备目标信息系统转变为精度粗糙集知识约简算法的实现。

（2）提出了基于差异关系的不完备目标信息系统变精度粗糙集知识约简算法

传统粗糙集的等价关系约束条件在不完备信息系统中难以得到满足，而且不完备信息的处理还需要较强的抗噪声能力。本书提出了不完备目标信息系统中的差异关系，建立了基于差异关系的变精度粗糙集模型，进而提出了相应的知识约简定义和知识约简算法，实现了带噪声不完备信息系统中的知识获取。通过对差异关系变精度粗糙集模型中阈值参数β的特性分析，发现了依赖度与阈值参数范围之间的关系，分析了阈值参数的取值对知识约简的影响变化规律。该算法已应用于三峡库区香溪河富营养化不完备数据的知识约简中，实现了带噪声不完备信息系统中的富营养化知识获取的目标。这些研究成果将有助于不完备信息系统中的并行推理模型的设计。

（3）提出了不完备信息系统中的并行推理模型

针对传统粗糙集模型中并行推理能力弱的问题，借鉴 Petri 网的并行推理能力，提出了不完备信息系统中的并行推理模型。该模型以基于差异关系的变精度粗糙集知识约简算法为基础，首先获取精简的属性集，用于构建优化的 Petri 网模型，进而结合 Petri 网的矩阵推理运算实现不完备信息系统中知识的高效并行推理。该模型已应用于三峡库区香溪河富营养化不完备数据的知识推理，实现了带噪声不完备信息系统中的高效知识推理的目标。这些研究成果将有助于在各领域不完备评价系统中的推广。

（4）提出了双向 S 粗糙集上的动态知识获取策略

针对经典粗糙集在动态知识处理中的不足，借鉴双向 S 粗糙集元素与属性迁移的思想，根据元素动态变化的粒度大小提出了两种基于双向 S 粗糙集的动态知识获取策略：一种是在决策表中增加或删除单个元素时，建立相应的近似分类质量动态更新机制，分析新等价类中相对于决策类的置信度以及动态更新的阈值选取问题，提出面向单元素变化的增量式知识更新算法；另一种是在决策表中增加或删除多个元素时，建立近似分类质量动态更新机制，设计了面向多元素变化的动态知识更新算法。将这两种算法与其他同类算法在 UCI 公共数据集上进行的对比试验结果，验证了这两种算法具有较好的分类精度与较短的处理时间。最后，以双向多元素迁移的动态扩展粗糙集为理论基础，分析研究三峡库区香溪河春季两次水华前期的前兆异常，从而为香溪河水华的预报提供了借鉴与参考。这些研究成果将有助于粗糙集理论在动态数据上的挖掘扩展。

综上所述，本书针对经典粗糙集理论中的离散化处理、知识约简以及规则知识提取与推理决策在实际应用中都存在一定的局限性的现状，结合水质富营养化评价这一生态环境领域的典型应用问题，开展了扩展粗糙集模型分析与研究。主要从基于三原色的可视离散化算法、基于差异关系的不完备目标信息系统变精度粗糙集知识约简算法、基于差异关系的不完备目标信息系统变精度粗糙集知识约简算法，以及双向 S 粗糙集上的动态知识获取策略等方面进行了详细的研究。本书的研究成果

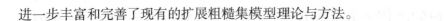

进一步丰富和完善了现有的扩展粗糙集模型理论与方法。

7.2　进一步研究工作与展望

对粗糙集的深入与扩展研究是粗糙集理论研究近年来的热点，而将粗糙集理论应用于水质富营养化评价是一个全新的课题，本书在完成以上研究内容的同时，仍有一些尚待完善的地方，具体体现在以下几个方面。

（1）尽管基于三原色的可视离散化算法分类精度较好，离散化区间数目稳定，但是如果面对高维非线性数据时，仍存在实时性不好、计算量偏大等问题。如何在保持较好性能的同时提高离散化过程中决策属性的作用及运算速度是进一步研究的重点。

（2）不完备信息系统中的并行推理模型在数据量不大的情况下，效果不是很明显。在三峡在线监测中，野外传感器由于仪器、通信故障，而人工监测数据由于需要层层审批，审核周期过长，导致传感器数据及人工监测数据未能按照进度要求汇聚到平台，会对模型建模带来一定影响。因此下一步应加强协调相关数据的汇聚工作。

（3）本书的富营养化评价模型基于与环保部门合作的数据建模，而富营养化问题是一个复杂的话题。引起它的因素很多，如营养盐状况、水动力条件、地理位置、生物群落、理化因子等，其中地理位置是一个很重要的因素。因此，将合作单位的数据进行建模，并应用于其他流域的富营养化评价，是否能得到好的泛化效果，也是一个难题。加强与三峡库区各环境监测站以及其他科研单位的数据共享合作，逐渐实现数据资源共享，从而收集到更加完善的数据集进行建模，也是今后的一项工作内容。

（4）随着大数据、智能技术的发展，数据量增长的速度是非常惊人的，直接造成决策信息系统中的信息量也相应地大幅增长。因此，如何从海量决策信息系统中通过粗糙集来挖掘出可靠的规则知识，也是当前研究所要面临的一项挑战。

随着智能技术的迅猛发展，环境信息化企业近年来也进入了高速发展期。而大数据时代的到来，更让环境信息化企业成为创新环境管理一股不可或缺的力量。党中央、国务院高度重视大数据在推进生态文明建设中的地位和作用。习近平总书记明确指出，要推进全国生态环境监测数据联网共享，开展生态环境大数据分析。李克强总理强调，要在环保等重点领域引入大数据监管，主动查究违法违规行为。国务院《促进大数据发展行动纲要》（国发〔2015〕50号）等文件要求推动政府信息系统和公共数据互联共享，促进大数据在各行业创新应用。不同领域的交叉融合发展渴望催生新的重大科学思想和科学理论。因此，大数据与生态环境的交叉融合就显得尤为重要。生态环境大数据建设具体该怎么走，不仅是下一步研究的工作重点，也是一项新的机遇与挑战。

参考文献

［1］He L, Zhu T, Cao T, et al. Characteristics of early eutrophication encoded in submerged vegetation beyond water quality: a case study in Lake Erhai, China［J］. Environmental Earth Sciences, 2015, 74（5）: 3701-3708.

［2］Huang C, Wang X, Yang H, et al. Satellite data regarding the eutrophication response to human activities in the plateau lake Dianchi in China from 1974 to 2009［J］. Science of the Total Environment, 2014, 485（1）: 1-11.

［3］Xu D, Cai Y, Jiang H, et al. Variations of food web structure and energy availability of shallow lake with long term eutrophication: a case study from Lake Taihu, China［J］. Clean Soil Air Water, 2016, 44（10）: 1306-1314.

［4］钟成华. 三峡库区水体富营养化研究［D］. 成都: 四川大学, 2004: 1-9.

［5］Pawlak Z. Rough sets［J］. International Journal of Parallel Programming, 1982, 11（5）: 341-356.

［6］Xu L, Ding S, Xu X, et al. Self-adaptive extreme learning machine optimized by rough set theory and affinity propagation clustering［J］. Cognitive Computation, 2016, 8（4）: 1-9.

［7］Chen L F, Chihtsung T. Data mining framework based on rough set theory to improve location selection decisions: a case study of a restaurant chain［J］. Tourism Management, 2016, 53（1）: 197-206.

［8］Sikder I U. A variable precision rough set approach to knowledge discovery in land cover classification［J］. International Journal of Digital Earth, 2016, 9（12）: 1-18.

［9］Li T, Da R, Shen Y, et al. A new weighting approach based on rough set theory and granular computing for road safety indicator analysis［J］. Computational Intelligence, 2015, 32（4）: 517-534.

［10］Herawan T, Deris M M, Abawajy J H. A rough set approach for selecting clustering attribute［J］. Knowledge Based Systems, 2010, 23（3）: 220-231.

［11］Pawlak Z, Skowron A. Rudiments of rough sets［J］. Information Sciences, 2007, 177（1）: 3-27.

［12］Yao Y Y, Wong S K M, Lin T Y. A review of rough set models［M］. German: Springer, 1997: 47-75.

［13］Yao Y Y. Relational interpretations of neighborhood operators and rough set approximation operators［J］. Information Sciences, 1998, 111（1）: 239-259.

［14］Yao Y Y. On generalizing Pawlak approximation operators. Rough Sets and Current Trends in Computing［M］. German: Springer, 1998: 298-307.

［15］王国胤, 姚一豫, 于洪. 粗糙集理论与应用研究综述［J］. 计算机学报, 2009, 32（7）: 1229-1246.

［16］Golan R H, Ziarko W. A methodology for stock market analysis utilizing rough set theory. Computational Intelligence for Financial Engineering. USA: IEEE, 1995: 32-40.

［17］Tsumoto S, Tanaka H. Automated discovery of medical expert system rules from clinical databases based on rought sets. Knowledge Discovery and Data Mining［M］. USA: AAAI Press, 1996: 63-69.

［18］Geng Z, Zhu Q. Rough set-based heuristic hybrid recognizer and its application in fault diagnosis［J］. Expert Systems with Applications, 2009, 36（2）: 2711-2718.

［19］Chmielewski M R, Grzymala-Busse J W. Global discretization of continuous attributes as preprocessing for machine learning［J］. International Journal of Approximate Reasoning, 1996, 15（4）: 319-331.

［20］Skowron A, Synak P. Reasoning based on information changes in information maps. Rough Sets, Fuzzy Sets, Data Mining, and Granular Computing［M］. German: Springer, 2003: 229-236.

［21］Dougherty J, Kohavi R, Sahami M. Supervised and unsupervised discretization of continuous features. Twelfth International Conference on Machine Learning［M］. USA: Elsevier, 1995: 194-202.

［22］张钰莎, 蒋盛益. 连续属性离散化算法研究综述［J］. 计算机应用与软件, 2014, 31（8）: 6-8.

［23］Yang Y, Webb G I. Proportional k-Interval discretization for naive-bayes classifiers［J］. Procof the Twelfth European Confon Machine Learning, 2001, 2167（1）: 564-575.

［24］Yang Y, Webb G I. Weighted proportional k-interval discretization for naive-bayes classifiers. Pacific-Asia Conference on Advances in Knowledge Discovery and Data Mining［M］. German: Springer, 2003: 501-512.

［25］Jiang S Y, Li X, Zheng Q, et al. Approximate equal frequency discretization method［J］. Journal of Jinan University, 2009, 3（1）: 514-518.

［26］Holte R C. Very simple classification rules perform well on most commonly used datasets［J］. Machine Learning, 1993, 11（1）: 63-90.

［27］Catlett J. On changing continuous attributes into ordered discrete attributes［J］.

Proceedings of the European Working Session on Learning, 1991, 482（1）: 164-178.

[28] Fayyad U M. Multi-interval discretization of continuous-valued attributes for classification learning. International Joint Conference on Artificial Intelligence. USA: Jet Propulsion Lab, 1993: 1022-1027.

[29] Liu H, Setiono R. Feature Selection via Discretization [J]. IEEE Transactions on Knowledge and Data Engineering, 1997, 9（4）: 642-645.

[30] Tay F E H, Shen L. A modified Chi2 algorithm for discretization [J]. IEEE Transactions on Knowledge and Data Engineering, 2002, 14（3）: 666-670.

[31] Zhang H, Miao D, Wang R. A modified Chi2 algorithm based on the significance of attribute. International Conference on Web Intelligence and Intelligent Agent Technology Workshops. USA: IEEE, 2006: 490-493.

[32] Nguyen H S, Skowron A. Boolean reasoning for feature extraction problems. International Symposium on Foundations of Intelligent Systems [M]. German: Springer, 2000: 117-126.

[33] Auer P, Holte R C, Maass W. Theory and applications of agnostic PAC-learning with small decision trees. International Conference on Machine Learning [M]. USA: California, 1995: 21-29.

[34] 王国胤. Rough 集理论与知识获取 [M]. 西安: 西安交通大学出版社, 2001: 23-48.

[35] Bazan J G. A comparison of dynamic and non-dynamic rough set methods for extracting laws from decision tables [J]. Rough sets in knowledge discovery, 1998, 1（18）: 321-365.

[36] 王国胤, 杨大春. 基于条件信息熵的决策表约简 [M]. 计算机学报, 2002, 25（7）: 759-766.

[37] Yao Y, Zhao Y, Wang J. On reduct construction algorithms [M]. German: Springer, 2008: 297-304.

[38] Grzymalabusse J W, Hu M. A comparison of several approaches to missing attribute values in data mining. Rough Sets and Current Trends in Computing [M]. German: Springer, 2005: 378-385.

[39] Pawlak Z. Rough set approach to knowledge-based decision support [J]. European Journal of Operational Research, 1997, 99（1）: 48-57.

[40] Huang S Y. Intelligent decision support: handbook of applications and advances of the rough sets theory [J]. Fuzzy Sets and Systems, 1993, 57（3）: 396-397.

[41] Hu X, Cercone N. Learning in relational databases: a rough set approach [J]. Computational Intelligence, 1995, 11（2）: 323-338.

［42］叶东毅，陈昭炯．一个新的差别矩阵及其求核方法［J］．电子学报，2002，30（7）：1086-1088.

［43］杨明．一种基于改进差别矩阵的核增量式更新算法［J］．计算机学报，2006，29（3）：407-413.

［44］聂红梅，周家庆．一个新的差别矩阵及其求核方法［J］．四川大学学报（自然科学版），2007，44（2）：277-283.

［45］Inuiguchi M, Miyajima T. Rough set based rule induction from two decision tables［J］. European Journal of Operational Research, 2007, 181（3）：1540-1553.

［46］谭旭．扩展粗糙集模型及其在烟叶质量预测与评价中的应用［D］．长沙：国防科学技术大学，2008：8-11.

［47］Chen D G, Wang C Z, Hu Q H. A new approach to attribute reduction of consistent and inconsistent covering decision systems with covering rough sets［J］. Information Sciences, 2007, 177（17）：3500-3518.

［48］Jelonek J, Krawiec K, Slowiński R. Rough set reduction of attributes and their domains for neural networks［J］. Computational Intelligence, 1995, 11（2）：339-347.

［49］叶东毅．Jelonek 属性约简算法的一个改进［J］．电子学报，2000，28（12）：81-82.

［50］张文修．粗糙集理论与方法［M］．北京：科学出版社，2001：1-7.

［51］杨传健，葛浩，汪志圣．基于粗糙集的属性约简方法研究综述［J］．计算机应用研究，2012，29（1）：16-20.

［52］苗夺谦，胡桂荣．知识约简的一种启发式算法［J］．计算机研究与发展，1999，36（6）：681-684.

［53］杨明．决策表中基于条件信息熵的近似约简［J］．电子学报，2007，35（11）：2156-2160.

［54］Liu Q, Cai H, Min F, et al. Knowledge reduction in a new information view. International Conference on Communications, Circuits and Systems. USA：IEEE, 2005：11-18.

［55］Zhang W X, Mi J S, Wu W Z. Approaches to knowledge reductions in inconsistent systems［J］. International Journal of Intelligent Systems, 2003, 18（9）：989-1000.

［56］Slezak D. Approximate entropy reducts［J］. Fundamenta Informaticae, 2002, 53（53）：365-390.

［57］胡峰，代劲，王国胤．一种决策表增量属性约简算法［J］．控制与决策，2007，22（3）：268-272.

［58］官礼和，王国胤．决策表属性约简集的增量式更新算法［J］．计算机科学与探索，2010，4（5）：436-444.

［59］谭旭．改进分辨矩阵下的增量式条件属性约简算法［J］．系统工程理论与实践，2010，30（9）：1684-1694.

［60］Hu F, Wang G, Huang H, et al. Incremental attribute reduction based on elementary sets. International Conference on Rough Sets, Fuzzy Sets, Data Mining, and Granular Computing［M］. German：Springer, 2005：185-193.

［61］Kusiak A. Decomposition in data mining：an industrial case study［J］. IEEE Transactions on Electronics Packaging Manufacturing, 2000, 23（4）：345-353.

［62］Hu F, Fan X, Yang S X, et al. A novel reduction algorithm based decomposition and merging strategy［J］. Intelligent Control and Automation, 2006, 344（344）：790-796.

［63］Zupan B, Bohanec M, Bratko I. A dataset decomposition approach to data mining and machine discovery［M］. USA：AAAI Press, 1997：299-302.

［64］吴子特，叶东毅．一种可伸缩的快速属性约简算法［J］．模式识别与人工智能，2009，22（2）：234-239.

［65］徐章艳，刘作鹏，杨炳儒，等．一个复杂度为 max（O（|C||U|），O（|C|2|U/C|））的快速属性约简算法［J］．计算机学报，2006，29（3）：391-399.

［66］刘勇，熊蓉，褚健. Hash 快速属性约简算法［J］．计算机学报，2009，32（8）：1493-1499.

［67］蒋瑜．基于差别信息树的 rough set 属性约简算法［J］．控制与决策，2015，30（8）：1531-1536.

［68］李华雄．决策粗糙集理论及其研究进展［M］．北京：科学出版社，2011：3-7.

［69］苗夺谦，李道国．粗糙集理论、算法与应用［M］．北京：清华大学出版社，2008：2-9.

［70］Lingras P, Chen M, Miao D. Rough multi-category decision theoretic framework. International Conference on Rough Sets and Knowledge Technology［M］. German：Springer, 2008：676-683.

［71］Pawlak Z, Wong S K M, Ziarko W. Rough sets：probabilistic versus deterministic approach［J］. International Journal of Man-Machine Studies, 1988, 29（1）：81-95.

［72］Yao Y Y, Wong S K M, Lingras P. A decision-theoretic rough set model［M］. German：Springer, 1990：1-12.

［73］Ziarko W. Variable precision rough set model［J］. Journal of Computer and System Sciences, 1993, 46（1）：39-59.

［74］Ślęzak D. Rough sets and bayes factor［M］. German：Springer, 2005：53-63.

［75］Greco S, Matarazzo B, Słowiński R. Parameterized rough set model using rough membership and bayesian confirmation measures［J］. International Journal of

Approximate Reasoning, 2008, 49（2）: 285-300.

［76］Herbert J P, Yao J T. Game-theoretic rough sets［J］. Fundamenta Informaticae, 2011, 108（3）: 267-286.

［77］Fang B W, Hu B Q. Probabilistic graded rough set and double relative quantitative decision-theoretic rough set［J］. International Journal of Approximate Reasoning, 2016, 74（1）: 1-12.

［78］Yao Y. Decision-theoretic rough set models［M］. German: Springer, 2007: 1-12.

［79］马希鹜. 概率粗糙集属性约简理论及方法研究［D］. 成都: 西南交通大学, 2014, 48-51.

［80］Duda R O, Hart P E. Pattern classification and scene analysis［M］. USA: Wiley, 1973: 462-463.

［81］Yao Y. Three-way decisions with probabilistic rough sets［J］. Information Sciences, 2010, 180（3）: 341-353.

［82］Zhou B. Multi-class decision-theoretic rough sets［J］. International Journal of Approximate Reasoning, 2014, 55（1）: 211-224.

［83］Zhou B. A new formulation of multi-category decision-theoretic rough sets［C］// International Conference on Rough Sets and Knowledge Technology［M］. German: Springer, 2011: 514-522.

［84］Liu D, Li T, Li H. A multiple-category classification approach with decision-theoretic rough sets［J］. Fundamenta Informaticae, 2012, 115（2）: 173-188.

［85］Qian Y, Zhang H, Sang Y, et al. Multigranulation decision-theoretic rough sets［J］. International Journal of Approximate Reasoning, 2014, 55（1）: 225-237.

［86］Yang X, Yao J T. Modelling multi-agent three-way decisions with decision-theoretic rough sets［J］. Fundamenta Informaticae, 2012, 115（2）: 157-171.

［87］Zhou B, Yao Y, Luo J. A three-way decision approach to email spam filtering［C］// Advances in Artificial Intelligence［M］. German: Springer, 2010: 28-39.

［88］Yu H, Chu S, Yang D. Autonomous knowledge-oriented clustering using decision-theoretic rough set theory［M］. German: Springer, 2010: 687-694.

［89］Liu D, Yao Y Y, Li T R. Three-way investment decisions with decision-theoretic rough sets［J］. International Journal of Computational Intelligence Systems, 2011, 4（1）: 66-74.

［90］Didier D, Henri P. Rough fuzzy sets and fuzzy rough sets［J］. International Journal of General Systems, 1990, 17（2）: 191-209.

［91］张文修, 陈德刚. 粗糙集理论的若干进展与展望// 第三届中国 Rough 集与软计算机学术研讨会［C］. 北京: 中国计算机学会, 2007: 25-28.

［92］Lai X, Liu J, Georgiev G. Low carbon technology integration innovation assessment index review based on rough set theory – an evidence from construction industry in China［J］. Journal of Cleaner Production, 2016, 126（3）: 88-96.

［93］Pai P F, Lee F C. A rough set based model in water quality analysis. Water Resources Management, 2010, 24（11）: 2405-2418.

［94］Han S, Jin X, Li J. An assessment method for the impact of missing data in the rough set-based decision fusion［J］. Intelligent Data Analysis, 2016, 20（6）: 1267-1284.

［95］Huang H, Liang X, Xiao C, et al. Analysis and assessment of confined and phreatic water quality using a rough set theory method in Jilin City, China［J］. Water Science and Technology Water Supply, 2015, 15（4）: 773-778.

［96］Li P, Wu J, Hui Q. Groundwater quality assessment based on rough sets attribute reduction and TOPSIS method in a semi-arid area, China［J］. Environmental Monitoring and Assessment, 2011, 184（8）: 4841-4854.

［97］Greco S, Matarazzo B, Slowinski R. Global investing risk: a case study of knowledge assessment via rough sets［J］. Annals of Operations Research, 2011, 185（1）: 105-138.

［98］Jirava P, Krupka J, Kasparova M. Application of rough sets theory in air quality assessment［M］. German: Springer, 2010: 1-10.

［99］Bo T, Chen Q, Gao Z, et al. Fuzzy comprehensive risk assessment of distribution network fault based on rough set theory. IEEE Pes Asia-Pacific Power and Energy Engineering Conference. USA: IEEE, 2015: 1-5.

［100］Gu G, Le Y, Wei F, et al. Rough sets theory approch to extenics risk assessment model in social risk. Advances in Neural Networks［M］. German: Springer, 2014: 321-329.

［101］Withers P J A, Neal C, Jarvie H P, et al. Agriculture and eutrophication: where do we go from here?［J］. Sustainability, 2014, 6（9）: 5853-5875.

［102］秦伯强. 富营养化湖泊治理的理论与实践［M］. 北京: 高等教育出版社, 2011: 4-8.

［103］Alexander T J, Vonlanthen P, Seehausen O. Does eutrophication-driven evolution change aquatic ecosystems?［J］. Philosophical Transactions of the Royal Society B, 2017, 372（1712）: 41-47.

［104］Le C, Zha Y, Li Y, et al. Eutrophication of lake waters in China: cost, causes, and control［J］. Environmental Management, 2010, 45（4）: 662-668.

［105］Carlson R E. A trophic state index for lakes［J］. Limnology and Oceanography, 1977, 22（2）: 361-369.

［106］Aizaki M. Application of modified Carlson's trophic state index to Japanese lakes and its relationships to other parameters related to trophic state ［J］. Res Rep Natl Inst Environ Stud Jpn, 1981, 23（1）: 13-31.

［107］叶麟. 三峡水库香溪河库湾富营养化及春季水华研究［D］. 武汉: 中国科学院水生生物研究所, 2006: 100-101.

［108］Liu Y, Wang Y, Sheng H, et al. Quantitative evaluation of lake eutrophication responses under alternative water diversion scenarios: a water quality modeling based statistical analysis approach ［J］. Science of the Total Environment, 2014, 468（7）: 219-227.

［109］Zhu S, Liu Z, Wang X, et al. Application of gray correlation analysis in eutrophication evaluative of water bloom. Intelligent Control and Automation. USA: IEEE, 2010, 1496-1501.

［110］丁昊, 王栋. 基于云模型的水体富营养化程度评价方法［J］. 环境科学学报, 2013, 33（1）: 251-257.

［111］Yan H Y, Wu D, Huang Y, et al. Water eutrophication assessment based on rough set and multidimensional cloud model ［J］. Chemometrics and Intelligent Laboratory Systems, 164（1）: 1-10.

［112］Vollenweider R A. Input-output models. Schweizerische Zeitschrift für Hydrologie, 1975, 37（1）: 53-84.

［113］Kirchner W B, Dillon P J. An empirical method of estimating the retention of phosphorus in lakes ［J］. Water Resources Research, 1975, 11（1）: 182-183.

［114］Chapra S C, Canale R P. Long-term phenomenological model of phosphorus and oxygen for stratified lakes ［J］. Water Research, 1991, 25（6）: 707-715.

［115］李静. 汾河水库富营养化演变机理研究［D］. 太原: 太原理工大学, 2016: 6-15.

［116］Chen C W, Orlob G T. Ecologic simulation for aquatic environments. Systems Analysis and Simulation in Ecology. USA: Elsevier, 1975, 3（1）: 475–588.

［117］Smith R C, Prezelin B B, Bidigare R R, et al. Bio-optical modeling of photosynthetic production ［J］. Limnology and Oceanography, 1989, 34（8）: 1524-1544.

［118］Monod J. Recherches sur la croissance des cultures bactériennes ［M］. German: Hermann, 1958: 203-204.

［119］Kilham P, Hecky R E. Comparative ecology of marine and freshwater phytoplankton1 ［J］. Limnology and Oceanography, 1988, 33（4）: 776-795.

［120］Droop M R. Vitamin b12 and marine ecology. iv. the kinetics of uptake, growth and inhibition in monochrysis lutheri ［J］. Journal of the Marine Biological Association of the United Kingdom, 1968, 48（3）: 689-733.

［121］Auer M T, Kieser M S, Canale R P. Identification of critical nutrient levels through field verification［J］. Canadian Journal of Fisheries and Aquatic Sciences, 1986, 43（2）: 379-388.

［122］刘鸿亮. 湖泊富营养化调查规范［M］. 北京: 中国环境科学出版社, 1987: 1-11.

［123］Chen C W, Orlob G T. Ecologic simulation for aquatic environments. Systems Analysis and Simulation in Ecology, USA: Elsevier, 1975, 3（1）: 476-588.

［124］Park R A, Scavia D, Clesceri N L. CLEANER: the Lake George model. Ecological Modeling in a Resource Management Frameworkproceedings of a Symposium. USA: Food and Agriculture Organization, 1975: 1-10.

［125］Jorgensen S E, Mitsch W J. Application of ecological modelling in environmental management. USA: Elsevier, 1983: 1-8.

［126］Dortch M, Schneider T, Martin J, et al. CE-QUAL-RIV1: A Dynamic, One-Dimensional（Longitudinal）Water Quality Model for Streams - User's Manual. USA: Army Engineer Waterways Experiment Station Vicksburg Ms Environmental Lab, 1990: 1-14.

［127］Brown L C, Barnwell T O. The enhanced stream water quality models QUAL2E and QUAL2E-UNCAS: documentation and user manual. USA: EPA Office of Research and Development Environmental Research Laboratory, 1987: 1-23.

［128］Drolc A, Končan J Z. Calibration of QUAL2E model for the Sava River（Slovenia）. Water Science and Technology, 1999, 40（10）: 111-118.

［129］Kaufman G B. Application of the water quality analysis simulation program（WASP）to evaluate dissolved nitrogen concentrations in the Altamaha River estuary, Georgia. USA: UGA, 2011: 12-17.

［130］Pawlak Z. A Treatise on Rough Sets. Lecture Notes in Computer Science. German: Springer, 2005: 1-17.

［131］杨善林. 机器学习与智能决策支持系统［M］. 北京: 科学出版社, 2004: 57-59.

［132］Mitchell T M. Machine learning［M］. Beijing: China Machine Press, 2003: 417-433.

［133］Jordan M I, Mitchell T M. Machine learning: Trends, perspectives, and prospects［J］. Science, 2015, 349（6245）: 255-260.

［134］Wang Y, Zhang N. Uncertainty analysis of knowledge reductions in rough sets［J］. The Scientific World Journal, 2014,（2）: 57-64.

［135］Pawlak Z. Rough sets and intelligent data analysis［J］. Information Sciences, 2002, 147（1）: 1-12.

［136］Zurawski R, Zhou M C. Petri nets and industrial applications: A tutorial［J］. IEEE

Transactions on Industrial Electronics, 1994, 41（6）: 567-583.

［137］Murata T. Petri nets: Properties, analysis and applications. Proceedings of the IEEE. USA: IEEE, 1989: 541-580.

［138］Vanderaalst W M P. The application of petri nets to workflow management ［J］. Journal of Circuits System and Computers, 1998, 8（1）: 21-66.

［139］Adam N R, Atluri V, Huang W K. Modeling and analysis of workflows using petri. nets ［J］. Journal of Intelligent Information Systems, 1998, 10（2）: 131-158.

［140］Padberg J, Urbšek M. Rule-based refinement of petri nets: a survey. Petri Net Technology for Communication-Based Systems ［M］. German: Springer, 2003: 161-196.

［141］刘业政, 焦宁, 姜元春. 连续属性离散化算法比较研究 ［J］. 计算机应用研究, 2007, 24（9）: 28-30.

［142］张涛, 洪文学. 基于色度学空间的多元图表示 ［J］. 燕山大学学报, 2010, 34（2）: 111-114.

［143］Sonmez G, Wudl F. Completion of the three primary colours: the final step toward plastic displays ［J］. Journal of Materials Chemistry, 2005, 15（1）: 20-22.

［144］Romani S, Sobrevilla P, Montseny E. Variability estimation of hue and saturation components in the HSV space ［J］. Color Research and Application, 2012, 37（4）: 261-271.

［145］张涛, 洪文学. 基于计算几何的非线性可视化分类器设计 ［J］. 电子学报, 2011, 39（1）: 53-58.

［146］张涛, 师浩斌, 李林, 等. 决策连续形式背景的可视化数据离散化方法 ［J］. 计算机应用研究, 2016, 33（2）: 388-391.

［147］Liu H, Hussain F, Tan C L, et al. Discretization: an enabling technique ［J］. Data Mining and Knowledge Discovery, 2002, 6（4）: 393-423.

［148］谢宏, 程浩忠, 牛东晓. 基于信息熵的粗糙集连续属性离散化算法 ［J］. 计算机学报, 2005, 28（9）: 1570-1574.

［149］Pawlak Z, Skowron A. Rough sets and boolean reasoning ［J］. Information Sciences, 2007, 177（1）: 41-73.

［150］夏飞平. 面向混合不完备决策信息系统的粗糙集模型及约简算法研究 ［D］. 合肥: 安徽大学, 2016, 1-2.

［151］田春艳, 杨保安, 赵林. 符号系统与神经网络结合的知识求精技术 ［C］. 中国控制与决策学术年会 ［M］. 沈阳: 东北大学出版社, 2005: 1081-1086.

［152］王国胤, 苗夺谦, 吴伟志, 等. 不确定信息的粗糙集表示和处理 ［J］. 重庆邮电大学学报（自然科学版）, 2010, 22（5）: 541-544.

［153］魏利华. 不完备信息系统知识发现和规则提取的粗糙集方法研究［M］. 北京：北京理工大学出版社, 2015：1-8.

［154］Polkowski L. Rough set theory：an introduction. Rough Sets［M］. German：Springer, 2002：3-92.

［155］潘巍, 王阳生, 杨宏戟. 粗糙集理论中新的针对不完备信息系统的处理方法研究［J］. 计算机科学, 2007, 34（6）：158-161.

［156］Yao Y, Zhao Y. Conflict analysis based on discernibility and indiscernibility. IEEE Symposium on Foundations of Computational Intelligence. USA：IEEE, 2007, 302-307.

［157］Wu W Z. Attribute reduction based on evidence theory in incomplete decision systems［J］. Information Sciences, 2008, 178（5）：1355-1371.

［158］Yang X, Yu D, Yang J, et al. Difference relation-based rough set and negative rules in incomplete information system［J］. International Journal of Uncertainty, Fuzziness and Knowledge-Based Systems, 2009, 17（5）：649-665.

［159］Greco S, Inuiguchi M, Slowinski R. Fuzzy rough sets and multiple-premise gradual decision rules［J］. International Journal of Approximate Reasoning, 2006, 41（2）：179-211.

［160］魏利华, 唐振民, 丁辉, 等. 不完备目标信息系统中基于差异关系的粗糙集［J］. 南京理工大学学报, 2010, 34（4）：415-419.

［161］Kim Y, Kang N, Jung J, et al. A review on the management of water resources information based on big data and cloud computing［J］. Journal of Wetlands Research, 2016, 18（1）：100-112.

［162］Bazzanti M, Mastrantuono L, Pilotto F. Depth-related response of macroinvertebrates to the reversal of eutrophication in a Mediterranean lake：Implications for ecological assessment［J］. Science of The Total Environment, 2017, 579（1）：456-465.

［163］Andersen J H, Aroviita J, Carstensen J, et al. Approaches for integrated assessment of ecological and eutrophication status of surface waters in Nordic Countries［J］. Ambio, 2016, 45（6）：681-691.

［164］Ali E M, Khairy H M. Environmental assessment of drainage water impacts on water quality and eutrophication level of Lake Idku, Egypt［J］. Environmental Pollution, 2016, 216（1）：437-449.

［165］Yang D, Chen F, Zhou Y. A novel eutrophication assessment models for aquaculture water area via artificial neural networks［J］. Journal of Computational and Theoretical Nanoscience, 2015, 12（9）：2909-2912.

［166］严胡勇, 王国胤, 张学睿, 等. 粗糙集理论在水质富营养化分级指标权重确定中

的应用 // 第二届全国流域生态保护与水污染控制研讨会论文集［C］. 北京：中国环境科学学会，2014：1-8.

［167］封丽，张学睿，封雷，等. 基于粗糙集的三峡库区支流水质富营养化模糊综合评价模型研究［J］. 环境工程，2015，33（12）：105-110.

［168］Timofeev R. Classification and regression trees（CART）theory and applications. German：Humboldt-Universität，2004：3-10.

［169］Quinlan J R. Induction of decision trees［J］. Machine Learning，1986，1（1）：81-106.

［170］Quinlan J R. C4.5：programs for machine learning［J］. USA：ACM，1992，1（1）：14-18.

［171］Yan H Y，Wang G Y，Zhang X R，et al. A fast method to evaluate water eutrophication［J］. Journal of Central South University，2016，23（12）：3204-3216.

［172］Gaj J，Kotyrba M，Volna E. Possibilities of control and optimization of traffic at crossroads using petri nets［M］. German：Springer，2016：21-29.

［173］Yan H Y，Huang Y，Wang G Y，et al. Water eutrophication evaluation based on rough set and petri nets：a case study in Xiangxi-River［J］. Three Gorges Reservoir. Ecological Indicators，2016，69（10）：463-472.

［174］Lalanne C. Statistical data analytics. foundations for data mining，informatics，and knowledge discovery［J］. Journal of Statistical Software，2016，69（3）：11-17.

［175］李天瑞. 基于粗糙集的知识动态更新中若干关键问题研究［J］. 学术动态，2008，1（1）：39-40.

［176］崔玉泉，张丽，史开泉. 粗糙集的动态特性研究. 山东大学学报（理学版），2010，45（6）：8-14.

［177］史开泉，姚炳学. 函数 S- 粗集与系统规律挖掘［M］. 北京：科学出版社，2007：1-4.

［178］史开泉，崔玉泉. S- 粗集和它的一般结构［J］. 山东大学学报（理学版），2002，37（6）：471-474.

［179］郭志林. 奇异粗糙集理论与方法［M］. 北京：中国农业科学技术出版社，2013：1-9.

［180］史开泉，崔玉泉. S- 粗集与它的分解 - 还原［J］. 系统工程与电子技术，2005，27（4）：644-651.

［181］李保平. 基于 S- 粗集的系统规律挖掘与非线性系统输出反馈［D］. 合肥：安徽大学，2011：8-11.

［182］王永生. 基于粗糙集理论的动态数据挖掘关键技术研究［D］. 北京：北京科技大学，2016：36-50.

［183］秦伯强，杨桂军，马健荣，等．太湖蓝藻水华"暴发"的动态特征及其机制［J］．科学通报，2016，61（7）：759-770.

［184］Smith V H, Tilman G D, Nekola J C. Eutrophication: impacts of excess nutrient inputs on freshwater, marine, and terrestrial ecosystems［J］. Environmental Pollution, 1999, 100（1）: 179-183.

［185］Hunter P D, Tyler A N, Willby N J, et al. The spatial dynamics of vertical migration by microcystis aeruginosa in a eutrophic shallow lake: a case study using high spatial resolution time-series airborne remote sensing［J］. Limnology and Oceanography, 2008, 53（6）: 2391-2406.

［186］Wu T, Qin B, Zhu G, et al. Dynamics of cyanobacterial bloom formation during short-term hydrodynamic fluctuation in a large shallow, eutrophic, and wind-exposed Lake Taihu, China［J］. Environmental Science and Pollution Research, 2013, 20（12）: 8546-8556.

［187］Bell G. The ecology of phytoplankton［M］. England: Cambridge University Press, 2006: 14-18.

［188］Paerl H W, Hall N S, Calandrino E S. Controlling harmful cyanobacterial blooms in a world experiencing anthropogenic and climatic-induced change［J］. Science of the Total Environment, 2011, 409（10）: 1739-1745.

［189］Pal S, Chatterjee S, Das K P, et al. Role of competition in phytoplankton population for the occurrence and control of plankton bloom in the presence of environmental fluctuations［J］. Ecological Modelling, 2009, 220（2）: 96-110.

［190］刘德富．三峡水库支流水华与生态调度［M］．北京：中国水利水电出版社，2013：10-13.

［191］Allen J I, Smyth T J, Siddorn J R, et al. How well can we forecast high biomass algal bloom events in a eutrophic coastal sea?［J］.Harmful Algae, 2008, 8（1）: 70-76.

［192］Latour D, Sabido O, Salençon M J, et al. Dynamics and metabolic activity of the benthic cyanobacterium microcystis aeruginosa in the Grangent reservoir（France）［J］. Journal of Plankton Research, 2004, 26（7）: 719-726.

［193］Cloern J E. Phytoplankton bloom dynamics in coastal ecosystems: A review with some general lessons from sustained investigation of San Francisco Bay, California［J］. Reviews of Geophysics, 1996, 34（2）: 186-202.

［194］Cloern J E. Tidal stirring and phytoplankton bloom dynamics in an estuary［J］. Journal of Marine Research, 1991, 49（1）: 203-221.

［195］Henson S A, Robinson I, Allen J T, et al. Effect of meteorological conditions on interannual variability in timing and magnitude of the spring bloom in the Irminger

Basin, North Atlantic [J] . Deep Sea Research Part I Oceanographic Research Papers, 2006, 53 (10): 1601-1615.

[196] 王岚, 蔡庆华, 张敏, 等. 三峡水库香溪河库湾夏季藻类水华的时空动态及其影响因素 [J]. 应用生态学报, 2009, 20 (8): 1940-1946.

[197] Huppert A, Blasius B, Olinky R, et al. A model for seasonal phytoplankton blooms [J] . Journal of Theoretical Biology, 2005, 236 (3): 276-290.

[198] Ye L, Xu Y Y, Han X Q, et al. Daily dynamics of nutrients and chlorophyll a during a spring phytoplankton bloom in Xiangxi bay of the Three Gorges Reservoir [J] . Journal of Freshwater Ecology, 2006, 21 (2): 315-321.

[199] Ye L, Han X Q, Xu Y Y, et al. Spatial analysis for spring bloom and nutrient limitation in Xiangxi bay of Three Gorges Reservoir [J] . Environmental Monitoring and Assessment, 2007, 127 (1): 135-145.

[200] Zhang L, Wang S, Li Y, et al. Spatial and temporal distributions of microorganisms and their role in the evolution of Erhai Lake eutrophication [J] . Environmental Earth Sciences, 2015, 74 (5): 1-10.

[201] Ghosh M. Modeling biological control of algal bloom in a lake caused by discharge of nutrients [J] . Journal of Biological Systems, 2010, 18 (1): 161-172.

[202] Shukla J B, Misra A K, Chandra P. Modeling and analysis of the algal bloom in a lake caused by discharge of nutrients [J] . Applied Mathematics and Computation, 2008, 196 (2): 782-790.

[203] Thomas D B, Schallenberg M. Benthic shear stress gradient defines three mutually exclusive modes of non-biological internal nutrient loading in shallow lakes [J] . Hydrobiologia, 2008, 610 (1): 1-11.

[204] Park K, Jung H S, Kim H S, et al. Three-dimensional hydrodynamic-eutrophication model (HEM-3D): application to Kwang-Yang Bay, Korea [J] . Marine Environmental Research, 2005, 60 (2): 171-193.

[205] Zatterale A, Kelly F J, Degan P, et al. Oxidative stress biomarkers in four bloom syndrome (BS) patients and in their parents suggest in vivo redox abnormalities in BS phenotype [J] . Clinical Biochemistry, 2007, 40 (15): 1100-1103.

[206] Chen Y, Fan C, Teubner K, et al. Changes of nutrients and phytoplankton chlorophyll-a in a large shallow lake, Taihu, China: an 8-year investigation [J] . Hydrobiologia, 2003, 506 (1): 273-279.

[207] 胡鸿钧, 魏印心. 中国淡水藻类——系统、分类及生态 [M]. 北京: 科学出版社, 2006: 1-4.

[208] Parinet B, Lhote A, Legube B. Principal component analysis: an appropriate tool for

water quality evaluation and management-application to a tropical lake system [J].
Ecological Modelling, 2004, 178 (3): 295-311.

[209] Wehr J D, Descy J P. Use of phytoplankton in large river management [J]. Journal
of Phycology, 1998, 34 (5): 741-749.

[210] Lv X Y, Zhang W T, Wu S Q. Variety of chlorophyll-a and its correlations with
environmental factors before and after algal bloom [J]. Yellow River, 2012, 34
(2): 73-75.

[211] Mao J Q, Lee J H W, Choi K W. The extended Kalman filter for forecast of algal
bloom dynamics [J]. Water Research, 2009, 43 (17): 4214-4224.

[212] Dzialowski A R, Wang S H, Lim N C, et al. Nutrient limitation of phytoplankton
growth in central plains reservoirs, USA [J]. Journal of Plankton Research, 2005,
27 (6): 587-595.

[213] Mallin M A, Parsons D C, Johnson V L, et al. Nutrient limitation and algal blooms in
urbanizing tidal creeks [J]. Journal of Experimental Marine Biology and Ecology,
2004, 298 (2): 211-231.

[214] Paerl H W, Xu H, Hall N S, et al. Nutrient limitation dynamics examined on a multi-
annual scale in Lake Taihu, China: implications for controlling eutrophication and
harmful algal blooms [J]. Journal of Freshwater Ecology, 2015, 30 (1): 5-24.

[215] Ptacnik R, Andersen T, Tamminen T. Performance of the redfield ratio and a family of
nutrient limitation indicators as thresholds for phytoplankton n vs. p limitation [J].
Ecosystems, 2010, 13 (8): 1201-1214.

[216] Yan H Y, Wang G Y, Wu D, et al. Water bloom precursor analysis based on two
direction S-rough set [J]. Water Resources Management, 2017, 31 (5): 1435-
1456.